材料发展报告
——新型与前沿材料

中国科学院武汉文献情报中心
材料科学战略情报研究中心 /编著

 LANDSCAPE OF MATERIAL DEVELOPMENT

科学出版社

北京

内 容 简 介

本书是中国科学院武汉文献情报中心、材料科学战略情报研究中心出版的第二本材料科学发展报告。本书详细解读了全球材料科技相关政策与重大研究计划和项目部署，重点分析了前沿性新材料的发展态势，并专章介绍了中国科学院在材料科学领域的研究进展和在产业化方面取得的重要成果。

本书可供各级行政和科技部门、发展规划部门、科技政策和管理研究部门，以及高校和研发机构研究人员、各材料行业企业相关人士阅读参考。

图书在版编目（CIP）数据

材料发展报告：新型与前沿材料 / 中国科学院武汉文献情报中心，材料科学战略情报研究中心编著. —北京：科学出版社，2014

ISBN 978-7-03-041077-1

Ⅰ. ①材… Ⅱ. ①中… ②材… Ⅲ. ①材料科学–研究 Ⅳ. ①TB3

中国版本图书馆 CIP 数据核字（2014）第 127702 号

责任编辑：石 卉 王茜艳 / 责任校对：宋玲玲
责任印制：徐晓晨 / 封面设计：无极书装

科 学 出 版 社 出版
北京东黄城根北街 16 号
邮政编码：100717
http://www.sciencep.com

北京凌奇印刷有限责任公司 印刷
科学出版社发行 各地新华书店经销

*

2014 年 8 月第 一 版 开本：720 × 1000 1/16
2020 年 5 月第五次印刷 印张：12 1/4
字数：246 000

定价：68.00 元
（如有印装质量问题，我社负责调换）

《材料发展报告——新型与前沿材料》

总　策　划

钟永恒　冯瑞华　张　军

编　写　组

组　长：冯瑞华

撰稿人：（以姓氏拼音为序）

冯瑞华　黄　健　姜　山

万　勇　王桂芳

　　"材料发展报告"系列由中国科学院武汉文献情报中心、材料科学战略情报研究中心精心策划。报告在对材料科技的政策规划、技术发展趋势进行跟踪的基础上，旨在通过全面系统地分析，使关心材料科学发展的广大公众了解全球材料科学与技术的发展状况，为决策层提供咨询建议。

　　2013 年出版的《材料发展报告》，系统梳理了材料科技的历史发展以及材料科学研究在世界主要科技强国中的地位，并分析了稀土材料、碳纤维材料等战略性和关键性材料的发展趋势。《材料发展报告——新型与前沿材料》则详细解读了全球材料科技相关政策与重大研究计划和项目部署，重点分析了部分新型和前沿材料的发展态势，并专章介绍了中国科学院在材料科学领域的研究进展和在产业化方面取得的重要成果。

　　从世界各主要国家的材料政策和计划，可以看出该国近期的材料技术发展重点、投资力度、未来发展方向。美国政府每年的财政预算都确保了材料科技的强劲投入，并实施了材料基因组计划，建立先进材料计算设计中心，重点资助和研发战略性稀土材料、轻质高效的能源材料、纳米科技与安全、航空航天材料、半导体信息材料等。欧盟则重点发展石墨烯、绿色材料、纳米薄膜太阳电池材料等。日本在碳纤维复合材料、稀土原材料等方面占据了领先地位。

　　材料的发展日新月异，每年都不断有新的材料涌现。新型材料是指新近发展的或正在研发的、性能超群的一些材料，具有比传统材料更为优异的性能。本书选取了新型信息材料、新型照明与显示材料、新型金属材料、交叉前沿材料等进行发展趋势的分析。在新型信息材料领域，硅芯片制造工艺正逼近其物理极限，为了满足摩尔定律的增长要求，多年来人们一直期望找到新材料，可以替代传统芯片中的硅，从而更深入地推进半导体制造工艺，获得更小、更快、更强的计算机芯片，石墨烯、辉钼将成为替代硅的新型二维半导体材料。在新型照明与显示领域，传统照明材料正逐渐被更高效、更清洁的 LED 材料替代，传统的显示材料正在被更人性化、更便携的柔性显示材料替代。在新型金属材料领域,新金属合金、纳米结构钢等正逐渐应用到工程领域。在交叉前沿材料领域,计算材料是在虚拟环境下对材料进行建模、仿真和预测等研究,不仅省材节能,而且缩短了研究-应用进程。

中国科学院是我国在科学技术研究方面的最高学术机构和全国自然科学与高新技术的综合研究与发展中心,为我国科技进步、经济社会发展和国家安全做出了不可替代的重要贡献。材料是科技发展的基石,中国科学院在材料研究和产业化方面取得了很多重要的成果,对我国社会经济和相关产业发展起到了极大的促进作用,本书介绍了其中的部分代表性成果。

本书在撰写和出版过程中得到了中国科学院多个研究所各位领导、专家学者的大力支持,在此表示衷心的感谢!其中特别向李秀艳(金属研究所科技处)、董德文(长春应用化学研究所科研一处)、赵小龙(上海有机化学研究所科研管理处)、宁聪琴(上海硅酸盐研究所科技一处)、鞠维刚(理化技术研究所业务处)、侯相林(山西煤炭化学研究所科技开发处)、陈亮(宁波材料技术与工程研究所科技发展部)、樊志军(半导体研究所成果管理与转化处)、郑发鲲(福建物质结构研究所科技处)、陈骁(青岛生物能源与过程研究所科技处)、马炘(深圳先进技术研究院科研管理与支撑处)等科技管理专家表示诚挚的谢意!

中国科学院武汉文献情报中心
材料科学战略情报研究中心
2014 年 1 月

目 录

图目录

第一章

2012～2013 年世界材料科技政策与计划发展

第一节　美国重点材料领域政策和计划

一、从美国2014财年预算看材料发展

美国政府及其重要职能机构都对科研技术和活动，尤其是促进社会可持续发展、制造业复兴的新材料、先进制造技术、清洁能源技术、网络基础设施等进行优先资助和发展，以增强美国未来的科技领先地位和竞争力。

2013年4月10日，美国奥巴马政府向国会提交了2014财年联邦政府预算报告，该报告体现了美国对科研的重视，提出将缓慢地重建联邦科学支持与青睐的领域，包括清洁能源技术、先进制造、生物技术、新材料等重点方向。奥巴马政府2014财年支出计划中，332亿美元用于基础研究，同比2012年增长约4%；2014财年研究和发展总支出预算为1430亿美元，同比2012年增长约1.3%（Basken，2013）。

美国对能源问题高度重视，在清洁能源和先进制造业方面的定位是世界领先的竞争者。美国能源部（DOE）2014财年预算为284亿美元，较2012年提高8%。DOE还增加对清洁能源技术活动的资金，较2012年水平提高逾40%。DOE表示，6.15亿美元预算用于提高太阳能、风能、地热能和水能等清洁能源的利用并降低其成本；3.65亿美元预算投资于先进制造技术研发；5.75亿美元预算用于尖端汽车技术，增加国内先进车辆和可再生能源的承受能力；2.82亿美元预算研发新一代先进生物燃料等。另外，科学办公室的预算超过50亿美元，同比2012年增长5.7%，重点资助基础研究机构。

美国国家科学基金会（NSF）2014财年预算为76亿美元，同比2012财

年增长 8.4%，预算请求优先投资于基础研究和相关的活动。NSF 的投资重点领域包括最近成立的阿塔卡马大型毫米波天线阵望远镜、新材料、先进制造工艺、智能系统、先进的网络基础设施，以及可持续发展的科学和工程（NSF，2013）。

美国国家标准与技术研究院（National Institute of Standards and Technology，NIST）规模相对较小，2014财年预算为9.28亿美元，同比2012财年增长23%。新增预算主要包括一个新的研究基金（1.27亿美元）、帮助中小制造商采用创新技术的新区域中心（2500万美元）、优先研究需求的新联盟（2140万美元）。NIST 的预算主要包括科学和技术研究和服务（6.94亿美元），其优先研究领域包括先进制造技术（5000万美元）、网络安全（2400万美元）、高级通信（1000万美元）、网络物理系统（1000万美元）等；工业技术服务（1.745亿美元），其优先研究领域包括霍林斯制造业扩展伙伴关系（MEP）（1.531亿美元，包括新 MEP 制造技术加速中心的2500万美元）、先进制造技术联盟（Amtech）（2140万美元）等；另外还有研究设施建设（6000万美元）（Huergo，2013）。

二、政府、企业关注稀土等关键原材料研发和产业化

1. 稀土等关键原材料由战略政策走向研发执行

受中国稀土限产、限出口等因素影响，国际稀土价格迅速上涨，2010 年以来增长超 10 倍；尽管美、日、澳等国有开新矿计划，但仍解决不了民用的稀土短缺问题，因为矿商为追求利益最大化肯定与中国形成价格同盟。

DOE 于 2010 年 12 月首次发布《关键材料战略》，2011 年 12 月又进行更新，5 种稀土元素——镝（Dy）、钕（Nd）、铽（Tb）、铕（Eu）、钇（Y），以及铟（In）被评定为最关键的材料，并提出将重点关注风力发电机、电动汽车、太阳能电池和高效照明等清洁领域的稀土供给和应用。研究发现，短期内有几种清洁能源技术用材料面临供给风险，而从中长期来看，这种风险将会逐渐降低（DOE，2011）。2012 年 5 月，DOE 建立"关键材料创新中心"，促进技术转移转化，推向产业应用。未来 5 年，这个中心将投入 1.2 亿美元，开展材料的"减量、替代、循环（3R）"研究，旨在减轻美国对关键材料的依赖程度，确保国内能源技术的发展不再受制于未来材料供应短缺的掣肘。该中心将会解决每一种关键材料在全寿命周期中面临的挑战，即从选矿、加工、有效使用到循环等。因此，稀土等关键材料将从"战略政策"阶段走向"研发执行"阶段，由"分散式"研究转向建立研究实体的"集

中式"研究。

2. 确保稀土供应链，重塑国防安全

2012 年 4 月 25 日和 30 日，美国国会研究服务局（Congressional Research Service，CRS）先后发布了专题报告《国防中的稀土元素：背景、监督问题和国会选择》（*Rare Earth Elements in National Defense: Background，Oversight Issues，and Options for Congress*）和《中国的稀土产业和出口制度：对美国的经济和贸易影响》（*China's Rare Earth Industry and Export Regime: Economic and Trade Implications for the United States*）。

根据相关法案，美国国会指派国防部就稀土供应链展开评估，制订应对计划，并要求国防部评定哪些稀土元素符合以下标准：①对美国重大军事装备的生产、维持、运转有关键作用；②受到不在美国政府控制范围之内的战争或事件的影响，供应可能中断。美国国会将鼓励国防部制定合作的、长期的战略，旨在甄别与稀土相关的任何材料薄弱环节，并维护美国的长远国家安全利益。报告指出，国会对稀土问题的关注主要出于以下原因：①目前全球几乎完全依靠一个国家——中国——来提供稀土；②美国国内不能生产铽、镥（Lu）、钇等重元素；③美国稀土金属、稀土粉体以及钕铁硼磁体的产量很低；④一旦美国无法获得这些材料，商业和国防工业将会受到影响；⑤稀土供应链的脆弱性将会对美国国家安全战略规划产生消极的影响。因此，报告建议，国会应要求美国政府进行稀土战略储备。

《中国的稀土产业和出口制度：对美国的经济和贸易影响》则就中国的稀土政策对美国的经济和贸易影响，展开了论述。报告回顾了美国与中国就其稀土出口限制的争端，探讨了美中稀土贸易级别、中国政策如何影响美企的稀土价格、中国限制稀土出口背后可能的动机、美国及其他主要稀土消费大国如何回应等。此外，报告还审视了中国稀土产业和政府政策，包括演化、进展，以及完成政府目标（如整合生产、应对污染、整治非法开采等）的效力。

2013 年 5 月 8 日，美国制造业联盟发布《重塑美国安全：美国国防工业基地的供应链漏洞和国家安全风险》（*Remaking American Security: Supply Chain Vulnerabilities & National Security Risks Across the U.S. Defense Industrial Base*）报告，欲完善国防供应链重塑国防安全。报告指出，美国国防受到国外原材料、零部件和成品等重要国防物资供应方面的威胁日益增加，呼吁采取行动增加美国军事装备所需的天然资源和制成品的国内产量。

报告详细分析了一些案例。例如，美国"地狱火"导弹所需的固体火箭化学燃料完全依赖于单一的中国公司生产；美国目前在锂（Li）离子电池生产的竞争中处于劣势，依靠外国供应商提供产品和下一代电池；美国夜视设备所需的稀土元素镧几乎完全依赖从中国进口，占91%，具有很大的风险；美国国内没有钕铁硼磁体生产商，中国制造的钕铁硼磁体占75%。

该报告提出了以下10项建议，以提高美国的制造能力，减少美军对进口产品的依赖（Lisa McTigue Pierce，2013；Adams，2013）：

（1）增加高科技产业的长期联邦投资，特别是涉及先进研究和制造能力的产业；

（2）适当更新、应用和执行现有的法律和法规，支持美国的国防工业基地；

（3）开发美军所需的国内主要天然资源；

（4）在制定美国国家军事战略、国家安全战略和进行四年防务评估时，确保国防工业基地被认定为最高级别；

（5）在政府、工业界、国防工业基地职员以及军队之间建立共识，更好地加强国防工业基地；

（6）增强联邦机构，以及政府和行业之间合作，建立健康的国防工业基地；

（7）加强政府、行业和学术研究机构间的合作，教育、培训和留住在关键国防工业基地行业具有专业技能的工人；

（8）制定法律以支持具有广泛代表性的国防工业基地战略；

（9）通过网络确保主要承包商和所依赖的供应链之间的持续沟通，使国防供应链适应现代需要，并得以保护；

（10）确定潜在国防供应链的瓶颈，制订计划以防止干扰。

3. 美日展开一系列合作计划

2012年4月，美日发表了"美日联合声明：面向未来的共同愿景"（*U.S.-Japan Joi- nt Statement: A Shared Vision for the Future*）的联合声明，还宣布了一系列合作计划，旨在加强和拓展美日在国防、经济、文化与人员交流方面的合作关系。

新清洁能源合作计划是此次宣布的众多计划之一，作为该计划的一部分，美日双方提出要加强关键材料研发合作。其具体内容包括：在美日双方现有关键材料政策对话的基础上，针对回收稀土元素及其他领域研发展开新的合作。美国国家实验室、日本研究机构及双方大学将参与这些合作。美国与日本还将在稀土元素及其他关键材料的生产和使用方面加强双方研究机构之间的信息共享，以推动对市场条件和技术需求的了解。这一合作将促进实现双方在关键材料供应多样化、替代材料研发以及完善回收工艺方面的共同目标（The White

House，2012）。

4. 稀土企业 Molycorp 拟 13 亿美元收购 Neo

美国最大稀土生产企业 Molycorp 矿业公司拟斥资 13 亿美元收购加拿大稀土加工企业 Neo 材料技术公司，创建全球领先的一体化稀土企业。Molycorp 拥有中国以外最大的稀土矿——芒延帕斯稀土矿，并已经投资重新启动开采和加工设施，扩大稀土产能。Neo 拥有麦格昆磁系列金属粉专利技术，生产、加工和开发钕铁硼磁粉、稀土和锆工程材料等高价值利基市场金属及其化合物。Molycorp 拟通过此次收购获得 Neo 专利权，扩展稀有金属的战略组合，包括磁粉、镓（Ga）、铼（Re）、铟、氧化锆（ZrO_2）等，从而拓展公司在稀土供应链上的参与环节；扩大公司与中国的接触机会，以增加在中国的销量，从而增加在亚洲的销售机会。

Molycorp 表示，摩根士丹利和瑞士信贷集团同意为此次交易的现金部分提供融资，永久性融资将来自长期债务、双方公司的现金以及潜在的股票增发。此项交易还有待 Neo 股东批准，预计将于第二或第三季度完成（Molycorp，2012）。

由于 Neo 材料技术公司的一个子公司被中方收购，此次并购也为 Molycorp 把加利福尼亚州出产的稀土运到中国加工铺平了道路。这也引起了包括美国磁性材料行业协会（US Magnet Materials Association）会长 Ed Richardson 在内的一些人士的担忧，认为美国在稀土磁性材料上已经"严重依赖中国"，Molycorp 把美国稀土资源出口到中国只会让问题进一步恶化。但 Molycorp 认为，这次并购不会产生太大的政治和历史影响。

三、材料基因组计划全面实施，建立先进材料计算设计中心

2011 年 6 月，美国推出先进制造业伙伴关系计划（AMP），该计划正稳步推进，且不断深入。材料基因组计划（MGI）[①]是 AMP 重点子计划之一，美国资助了多个研究项目，并建立了计算设计中心和计算材料数据网络（computational materials data network）。

1. 设立先进材料计算设计中心

2012 年 10 月，在美国材料基因组计划的支持下，密歇根大学 John Allison

---

① 材料基因组是一种新提法，其本质与材料计算学类似

教授主导了一个材料计算项目，旨在发现和制造先进材料，并使先进材料的开发速度加倍，缩短开发和产业化周期。该项目获得了 DOE 1100 万美元的资助，密歇根大学还将匹配 130 万美元，项目研究期为 5 年。

该项目将建立一个名为"结构材料预测集成科学中心"（Predictive Integrated Structural Materials Science Center）的软件创新中心。该中心将建立一套集成的、开放源码的计算软件工具，使材料学术界和工业界的研究人员可以用它来模拟材料实际的使役行为。该中心研究团队将展示在汽车、航空航天、电子等行业广泛应用的镁金属的新材料计算方法（Vniversity of Michigan，2012）。

2. DOE 出资 1200 万美元支持材料基因组计划

在 2012 年美国国情咨文中，美国总统奥巴马重申了推进高技术研究和制造业的承诺，并指出"不会将风能、太阳能和电池产业拱手让给中国和德国"。支持材料科学和制造领域的研究、开发和创新是实现上述目标的基础。

DOE 基础能源科学研究项目宣布，将启动一个 1200 万美元的项目，作为 2011 年奥巴马提出的材料基因组计划的组成部分，用于材料科学领域的研究。该项目主要关注新型的、用户友好的软件工具和数据标准，以加强用于先进材料创新的基础设施，同时，也强调可加速新材料发现并揭示其基本物理结构和性质的、实验论证的建模示范。

DOE 打算主要资助材料或化学软件创新中心、小团队或单一机构。此外，该项目也征集能将自由电子激光、高级显微镜等现有研究技术最大化利用的研究计划（Wadia，2012a）。

3. NSF 为材料设计计划"DMREF"提供资助

在材料基因组计划的总体框架下，NSF 宣布首次对"设计材料以彻底改变和规划未来"（designing materials to revolutionize and engineer our future，DMREF）计划投入资金支持。NSF 数学与物理科学部、工程学部总共为 14 个不同的 DMREF 项目设立了 22 笔共计 1200 万美元的资金，支持以下领域的研发：新型轻质刚性聚合物、飞机引擎和电厂用高耐久度多层材料、基于自旋电子学的新数据存储技术、热电转换复合材料、新型玻璃、生物膜材料、特种硬质涂层技术等。

DMREF 计划的参与方将与企业合作完成材料基因组计划的主要目标之一是，将新材料从实验室走向市场化原本可能长达 20 年的时间与成本缩减一半。DMREF 计划资助项目中有 3 个还得到了 NSF "促进学术界与产业网络关系专款"（grant opportunities for academic liaison with industry，GOALI）的联合资助，DMREF 计划的一个关键要素是促进发现材料设计和实验的有效工具和方法，而这需要研究人员与产业合作伙伴就新发现的重大需求和潜在机会进行沟通（NSF，2012a）。

4. 启动计算材料数据网络建设

为加速新材料的开发和应用，并作为对材料基因组计划的响应，美国材料信息学会（ASM International，原美国金属学会）创立了计算材料数据网络。该网络在起步阶段将由管理与技术咨询公司 Nexight Group 负责数据收集、发布、管理等事务。该网络当前正在组织专家团队对加工过程中的材料数据、航空结构材料数据、国家材料研究数据库等的小规模试验项目进行调研（ASM International，2012a）。

四、轻质高效的能源材料

1. 开发汽车用先进轻质材料

2012年3月，DOE 将新投入1420万美元加速发展和部署用于先进车辆的更强、更轻的材料，这将有助于减少美国对外国石油的依赖，降低出行成本并限制碳污染。这笔资金将支持发展高强度、轻量化的碳纤维复合材料和先进的钢材及合金，这将有助于汽车制造商提高汽车和卡车的燃油经济性，同时保持和改善安全及性能。具体的研究领域包括碳纤维复合材料预测模型、先进钢材料预测模型、为汽车和重型发动机开发高级合金（DOE，2012a）。2012年8月，7个新项目获得了资助（表1-1），新投资主要支持两个关键领域的材料创新。一是通过计算设计，提高碳纤维复合材料及先进钢材的性能。DOE 将会奖励两个项目，以验证现有的建模工具，优化车身、底盘以及内饰用碳纤维和其他特殊复合材料的性能和成本。另外，DOE 正投资600万美元开发新的建模工具，推进第三代高强度钢的开发。通过这个项目，总部位于底特律的美国汽车材料合作伙伴将会充分利用额外的250万美元私人投资来帮助创建用于使用轻质高强度钢的客运汽车的建模工具。二是用于汽车与重型发动机的高级合金材料的开发。将有四个项目用于开发汽车和重型发动机与汽缸盖等的轻量化、高强度合金。例如，总部位于伊利诺伊州的卡特彼勒公司，获得340万美元奖励和150万美元私人投资，发展高强度铁基合金，以耐受更高的汽缸压力，提高发动机的工作效率。

表 1-1 获得资助的公司与研发方向

	获奖单位	DOE 资助额度/美元	项目名称	项目介绍
碳纤维复合材料的预测工程工具	太平洋西北国家实验室	1 001 000	注射成型的长碳纤维热塑性复合材料预测工程工具	注射成型的长碳纤维热塑性复合材料的纤维方向与长度分布的集成与验证模型。模型将通过长碳纤维热塑性复合材料制成的复杂三维汽车零部件来验证
	橡树岭国家实验室	747 280	注塑成型碳纤维复合材料的纤维取向与长度分配预测	汽车的注塑成型碳纤维复合材料的纤维取向与长度分布的计算工具的实现与验证。验证部分将在三维复合材料部分执行
轻型车辆先进钢铁的集成计算材料（ICME）技术发展	美国汽车材料合作项目	6 000 000	发展第三代轻量化先进高强度钢（3GA-HSS）汽车部件的综合计算材料工程方法	论证开发与部署 3GAHSS 的 ICME 方法，通过整合和应用一套模型，并模拟至少四个组件的形成与性能，减少客运车辆的重量
汽车与重型发动机用的高级合金的发展	福特汽车公司	3 290 000	ICME 引导下的用于汽车发动机的先进轻量化铸造铝合金的发展	开发一类新型的、先进的、具有成本竞争力的铝铸件合金，使用 ICME 工具，使相对于高性能发动机中使用沙和半永久性铸造工艺的 A319 和 A356 合金，强度提高 25%
	橡树岭国家实验室	3 500 000	用于下一代客用车辆发动机的高性能铸造铝合金	开发更好的铸造铝合金，降低成本，使之能用于设计效率更高的轻型客车发动机。将使用小批量的铸造合金进行特性测量
	通用汽车公司	3 498 650	用于高效轻型发动机先进汽缸盖的新型轻量化铸造合金的计算设计与开发	演示如何使用 ICME 工具，加快发展用于关键结构如高效汽车发动机得新型高性能铸造合金，开发用于年产 50 万台的合金汽缸盖的综合成本模型
	卡特彼勒公司	3 477 130	重型车辆发动机的先进高强度铸造合金的开发	开发新的高强度铁基合金，用于汽缸盖和发动机，提高汽缸的耐压能力和发动机的效率。开发新的组件设计的详细成本模型，比较新型设计组件与目前生产组件的性能与成本

资料来源：DOE，2012b

2. 加快高效照明制造技术

2012 年 8 月，DOE 更新了《固态照明研究与开发：制造路线图》。LED 专家组确定了四个优先 LED 的任务，包括：①支持发展中国家柔性生产最先进的模块、光引擎和灯具；②开发高速、无损检测设备和生产各阶段质量检测设备；③识别关键问题及后期封装 LED 处理；④改善荧光粉生产等。路线图确立了 LED 照明设备/模块的优先研发目标，包括：①先进的 LED 封装和模具集成到灯具（如精密封装技术、贴片技术等）；②高效利用零部件和原材料；③散热设计的简化；

④减轻重量；⑤优化设计，以实现高效、低成本的制造（如易于装配）；⑥增加机械、电气和光学功能集成；⑦通过自动化、改进生产工具或产品设计软件等，降低生产成本。

作为奥巴马政府降低能源成本战略的一部分，DOE 宣布投资将超过 700 万美元，用于三个创新照明项目。接受资助的三个企业分别位于加利福尼亚州、密歇根州和北卡罗来纳州，项目目的是降低高效固态照明技术（如 LED 和 OLED 等）的制造成本。LED 和 OLED 的能源效率通常是传统白炽灯的 10 倍以上，寿命是传统白炽灯的 25 倍以上。至 2030 年，这些技术可将全美照明用电量降低近一半，每年节省 300 亿美元的能源成本。

这些为期两年的项目的重点在于，削减制造成本的同时持续改善固态照明技术的质量和性能。这些投资将撬动额外的来自私营部门的 500 万美元资金，用于改善制造设备、工艺，或是监测技术，以提高 LED 和 OLED 相对其他照明技术的竞争力。获得资助的企业包括北卡罗来纳州的 Cree 公司、加利福尼亚州的 KLA-Tencor 公司和密歇根州的 k-Space Associates 公司（DOE，2012c）。

3. 启动清洁能源制造计划

2012 年 3 月，DOE 启动"清洁能源制造计划"（clean energy manufacturing initiative，CEMI）。该计划将增加对清洁能源制造研发的投入，涉及风能、太阳能、地热能、电池和生物燃料等。DOE 针对创新制造研发项目，出资逾 2300 万美元。DOE 还出资 1500 万美元用于资助降低太阳能技术制造成本的研究，包括光伏和聚光太阳能发电，以及未来几年内可商用技术的示范。在接下来的几个月内，DOE 打算开展一项新的计划，用于资助新的制造创新研究机构。此外，DOE 还将为制造商提供培训和技术援助，主办一系列地区和国家级的峰会，并推动新一轮的公私合作（DOE，2013）。

DOE 向"清洁能源制造计划"的五个创新研发项目注资 2350 万美元。这五个项目分别为：①总部位于密歇根州迪尔伯恩的福特汽车公司开发高柔性、低能耗的金属薄片成型工具，能同时在金属薄片两边进行加工处理，无需铸造、冲模等；②得克萨斯大学奥斯汀分校开发新工具，能将性能指标、建模及仿真整合进实时工厂能源数据；③科罗拉多矿业大学与企业合作开发高强度轻质钢的新型冲压技术，用室温取代高温环境；④纽约 Novomer 公司将工厂排放的二氧化碳和来自页岩气的乙烷衍生物转化为有用的化学中间体，用于油漆、涂料、纺织品、塑料聚合物等；⑤马萨诸塞州 TIAX LLC 公司计划开发新工艺，将制造和工业过程的废热用于发电（DOE，2013）。

4. 投资加强锂材料生产和加工

锂材料是电动汽车锂离子电池、消费类电子产品、可充电电池等成长型产业的关键材料，被 DOE 评为关键战略原材料之一。1980~2009 年，全球锂的需求量已经翻了两番。20 世纪 90 年代以前，美国一直是世界主要的产锂国，而现在主要靠进口来自南美洲的锂材料和化合物。

DOE 希望改变这种状况，政府投资 2840 万美元开发和扩大内华达州银峰和北卡罗来纳州国王山的锂生产和加工设施，主要生产锂离子电池所用材料氢氧化锂和碳酸锂，大大提高了美国国内锂原料的生产和加工水平，使美国有望重新领导锂材料的生产。该项目将创造 100 个新的就业机会，并大幅增加美国的锂生产能力。除了联邦政府的投资，私营部门还投入 4600 万美元参与建设该项目（DOE，2012d）。

五、纳米科技与安全

1. NRC 呼吁新的纳米安全研究战略

2012 年 1 月，美国国家研究理事会（National Research Council，NRC）发布了《纳米材料环境、健康和安全研究战略》报告。报告指出，尽管在过去的十年里，纳米技术的投资范围越来越广泛，商品化程度越来越高，但关于纳米材料对环境、健康和安全（enviroment，health，safty，EHS）的影响的理解还很欠缺。人们需要一个新的纳米材料安全研究战略，并需要政府的监督以保证基本研究的开展。如果没有相应的研究计划来指导、管理与规避潜在的风险，将难以保证安全与可持续性纳米技术的发展。

美国国家纳米技术计划（National Nanotechnology Initiative，NNI）每年花费大约 1.2 亿美元在纳米材料的 EHS 研究上。2008 年，NNI 制定了第一个纳米技术的 EHS 研究战略，并于 2011 年进行了更新。尽管采取了这些措施，NRC 发现这与现实仍然存在很大的差距。NRC 的报告认为，目前在关键领域的研究还很少，如摄入纳米粒子对人体的影响，由不同元素组成的复杂纳米材料的健康与安全问题等。

NRC 报告勾勒出一个新的纳米技术 EHS 战略框架，并指出需要一个系统的研究方法来评估不同材料带来的潜在风险、暴露合理性，以及接触后可能面临的风险程度，报告同时建议改变风险研究的监督机制。NNI 目前有 25 个联邦机构管理纳米技术与 EHS 研究经费，国家纳米技术协调办公室帮助这些机构之间相互协调，以避免重复的研究，但协调办公室没有权力做出强制决定，包括执行委员会建议的新的研究策略。NRC 就监督管理提出了几种方案，如在白宫科技与政策办公室成立一个预算小组，但并没有推荐完整的解决方案，而是留给政府和国会做决定（Report F Service，2012）。

2. NSF 投入 5550 万美元推动纳米科学与工程创新

NSF 向大学投入总计 5550 万美元，建设三家工程研究中心，将与产业界一起推动纳米体系的跨学科研究和教育。

未来五年，这些中心将围绕纳米技术领域的社会关注热点，如人类健康、环境影响等开展工作，涉及的方向包括电磁系统、移动计算与能源技术、纳米制造、健康与环境传感等。

三个工程研究中心分别为：①北卡罗来纳州立大学领导的"集成传感器与技术先进自供电系统"工程研究中心，该中心将开创自供电的耐用系统，在监测个人环境与健康的同时，探究污染物暴露与慢性病之间的关联；②得克萨斯大学奥斯汀分校领导的"移动计算与移动能源技术纳米制造系统"工程研究中心，该中心将开发高产出、可靠、通用的纳米制造工艺系统，并应用于移动纳米器件的生产；③加利福尼亚大学洛杉矶分校领导的"纳米多铁系统转移应用"工程研究中心，操控磁场或电磁场，使元件和系统减小尺寸、提高效率是其工作重心所在。

3. NNI 发布最新一期纳米技术签名倡议

2012 年 5 月，NNI 的成员机构发布了第四个纳米签名倡议。该倡议将激励有关材料建模、仿真工具以及数据库等的建设，以促进对纳米材料具体特性的预测。这将加快纳米技术创新的商业化，在人类和环境收益最大化的同时将风险最小化。

该倡议主题为"纳米技术知识基础：推动可持续设计的国家领导地位"（Nanotechnology Knowledge Infrastructure: Enabling National Leadership in Sustainable Design，NKI），倡议重点关注四个方面：①由科学家、工程师和技术人员组成的多元化的协作团体，支持纳米技术的研究、开发和应用，以应对国家挑战；②灵活的跨学科知识协作建模网络，以有效地将实验基础研究、建模和应用开发耦合起来；③可持续发展的网络工具集合，以推动纳米材料设计模型与知识的有效应用；④功能强大的数字化纳米技术数据与信息基础设施，以支持高效的跨学科和跨应用的数据共享、协作与创新。

NKI 倡议还将与材料基因组计划对接，加速美国先进材料的开发与利用。在 NKI 所有上述四个方向中，NKI 倡议和材料基因组计划均存在协同领域。二者的协同领域特别体现在团体的建设、协议，以及数据管理与共享的最佳实例等方面。NKI 倡议的这些活动均直接面向 NNI 和 MGI 提供支持，使之成了首个联系、影响、实施多个联邦机构间倡议的工作（NNI，2012）。

4. CRS 发布《纳米技术：政策入门》

2012 年 4 月，CRS 发布了文件《纳米技术：政策入门》（*Nanotechnology: A Policy Primer*）。文件提出美国国会将继续支持纳米技术，主要支持三个可能实现经济与社会效益的方向：①纳米技术研发；②美国的竞争力；③环境、健康和安全（EHS）方面的关注。

该文件对上述三个方面进行了详细的阐述。从 2000 年 NNI 推出到 2012 年，国会在纳米技术研发领域投入了 156 亿美元，其中，2012 年的投入为 17 亿美元，2013 年在该领域的投入预算为 18 亿美元。根据研发投入与非商业产出的相关数据，美国在纳米技术领域处于全球领先水平，尽管不像在以前出现的新兴技术那样处于绝对领导地位。

CRS 的信息显示，已有研究提出了对有关纳米材料的安全性的担忧。业界普遍认为，需要更多的关于 EHS 影响的信息来保护公众与环境，进行风险管理，创建促进纳米技术相关创新投资的监管环境。该文件同时指出，纳米制造是纳米科学与纳米技术的桥梁，需要发展新的技术、工具、设备、测量科学与标准，以支撑安全、有效和可负担的纳米技术产品的商业规模生产。另外，公众的理解与态度也可能影响研发、管理以及含纳米技术的产品的市场接受程度（Bergeson，2012）。

六、航空航天材料

1. 美国"绿色飞机"将于 2025 年面世

在美国国家航空航天局（简称美国宇航局）1100 万美元左右的经费支持下，加利福尼亚州亨廷顿海滩的波音公司设计团队、加利福尼亚州帕姆代尔市洛克希德马丁公司、加利福尼亚州埃尔塞贡多市诺斯罗普格鲁曼公司等三个研究团队根据由美国宇航局航空研究任务理事会负责的环境责任飞行器工程的要求，设计了未来概念飞行器。飞行器将在 2025 年左右设计定型，突出了精简、绿色的特征，以满足美国宇航局的设计合同要求（比 1998 年飞行器油耗标准降低 50%，减少 75%的有害气体排放，以及减少 83%由于飞机场飞行器噪音影响的区域）。

三家顶级航空研发机构的设计方案表明，美国宇航局未来概念飞行器的设计主要指标是降低油耗、减少有害气体排放以及降噪三个方面。初步的设计方案中，有害气体排放、起飞和着陆阶段氮氧化物排放等指标降低 50%。在降低油耗以及降噪方面虽然难度较大，但还是有解决的方案。所有的设计都非常接近降低 50%的燃料消耗率，但三家研发机构在噪声削减指标方面还有不同的差距（NASA，2012）。

2. 美国设立空天先进结构材料和设计中心

美国空军选取约翰·霍普金斯大学工程师领导的研究团队设立了一个新材料研究卓越中心，通过开发新型计算和试验方法以支撑下一代军用飞机的研发。这个集成材料建模卓越中心（Center of Excellence on Integrated Material Modeling，CEIMM)将推进计算集成材料科学和工程计划（Computational Integrated Materials Science and Engineering Initiative)，关注于数字框架下材料的应用，开发未来飞行器结构和引擎相关的轻质、耐用、高性能器件和组件。

除了约翰·霍普金斯大学之外，卓越中心的研究人员还包括来自伊利诺伊大学香槟分校以及加利福尼亚大学圣芭芭拉分校的研究者。这个卓越中心将得到美国空军未来 3 年 300 万美元的资助，未来还将继续寻求来自美国空军和其他政府部门以及产业界的资助。新中心将暂时与霍普金斯极端材料研究所 （Hopkins Extreme Materials Institute）[①]共享部分基础设施和研究人员。未来两者都将迁入位于马龙礼堂（Malone Hall）、建筑面积约为 5200 平方米的新研究大楼内，该大楼预计到 2014 年完工（Johns Hopkins University，2012）。

七、半导体信息材料

1. 美推动下一代微电子研究

2013 年 1 月 17 日,美国半导体研究联盟机构（Semiconductor Research Corporation，SRC）和国防部高级研究项目局宣布推出名为 STARnet 的项目，将共同出

---

① 霍普金斯极端材料研究所成立于 2012 年 4 月，研究方向是极端条件下的材料和系统

资 1.94 亿美元，在未来 5 年资助建设 6 家新的大学微电子研究中心，参与高校达
39 所，包括研究人员 145 名、研究生约 400 名。

其中，投资达 3500 万美元的功能加速纳米材料工程中心（Center for Function
Accelerated nanoMaterial Engineering，FAME）将落户加利福尼亚大学洛杉矶分校。
该中心的目标是开发和研究多功能氧化物、金属、半导体的新型非常规原子级工
程材料和结构，加速半导体及国防行业中模拟器件、逻辑器件和存储器件的创新。
使得计算机、移动电话和其他电子设备具有更高的能源效率。来自加利福尼亚大
学河滨分校参与该中心研究工作的 5 名研究人员获得 500 万美元项目研究资助，
主要开展范德华材料（包括石墨烯、拓扑绝缘体、电荷密度波材料等）的研究
（SRC，2013），另外 5 家中心的基本情况参见表 1-2。

表 1-2 微电子研究中心

研究中心名称 （所在大学）	研究任务与目标	投资额/万美元
C-FAR 未来架构研究中心 （密歇根大学）	研究未来可扩展计算机系统架构，最大限度地利用新兴电路架构通过高度协作化研究过程打造全新商业/国防应用领域	2800
C-SPIN 自旋电子材料、界面及新型架构研究中心 （明尼苏达大学）	聚焦自旋电子材料、器件、电路和架构，为自旋电子基多功能可扩展内存设备和计算架构打下基础	2900
LEAST 低能系统技术中心 （圣母大学）	探索集成电路方面的新材料和新设备物理学研究，专注于发现超低电压和超陡晶体管的最佳材料系统	3500
SONIC 纳米信息结构系统中心（伊利诺伊大学香槟分校）	研发超越互补金属氧化物半导体（CMOS）的纳米级结构应用程序、架构和电路，使鲁棒性和能源效率达到前所未有的水平	3000
TerraSwarm 群系统研究中心 （加利福尼亚大学伯克利分校）	探索通过开放通用的系统架构，在大规模分布式异构群平台安全部署一个多重先进分布式感应控制驱动程序	2750

2. NIST 投资 260 万美元用于先进半导体研究

NIST 正在就支持下一代半导体技术的长期研究征集项目建议。NIST 计划
在第一年为项目提供 260 万美元，并有可能持续资助 5 年时间。根据规定，接
受这项资助的团体必须有至少 25% 的预算来自非联邦资金。这一计划旨在开
发完全不同于现有计算机使用的 CMOS 技术的新一代半导体技术。CMOS 技
术预计将在 10~15 年内达到物理极限，以致集成电路部件无法向更小的原子

层级发展。

NIST 希望获得资助的项目包含以产业为导向的合作关系，可能包含产业界、学术界、非营利机构、政府部门等组织，以帮助克服项目中的技术障碍。因此，资助接收者最好是一些机构组成的团体，能够超越单独业界成员拥有的资源，展开广泛深入的研究工作（NIST，2012a）。

3. 美国陆军向材料基础研究新增拨款 1.2 亿美元

2012 年 8 月，美国陆军宣布新增拨款 1.2 亿美元用于未来 10 年与约翰·霍普金斯大学、加利福尼亚理工学院、特拉华州立大学、罗格斯大学、犹他州立大学、波士顿大学、伦斯勒理工学院、宾夕法尼亚州立大学、哈佛大学、布朗大学、加利福尼亚大学戴维斯分校以及意大利都灵理工大学等 12 所高校在材料科学领域进行基础研究合作。

这笔资金将资助两项美国陆军研究实验室（US Army Research Laboratory，ARL）与上述 12 所高校组成的两大合作研究联盟（collaborative research alliance，CRA）。一个联盟的主要负责单位是约翰·霍普金斯大学，主要研究主题是极端动态环境（MEDE）材料，通过建模与仿真研究特定的动态环境（特别是高负荷、高应变速率条件下）材料的使役性能及其加工、合成技术；另一个联盟的主要负责单位是犹他州立大学，研究重点是多尺度跨学科电子材料模型（MSME），开发电化学能源器件、异构变质电子器件以及混合光子器件等先进器件。美国陆军首席科学家 Scott Fish 博士表示，目前陆军研发预算的 60%与新材料的研发有关，这足以说明材料科学的重要基础地位。

4. Global Foundries 将建半导体技术研发中心

Global Foundries 公司宣布计划投入约 20 亿美元在纽约州萨拉托加县晶圆厂区建设一个研发中心。该中心总面积约为 50 万平方英尺①，将支持各种技术开发和制造活动，包括洁净室和实验室。该中心于 2013 年年初开始建设，预计将于 2014 年年末建成。自 2009 年晶圆厂区破土动工以来，Global Foundries 共创造了近 2000 个直接工作岗位，2014 年年底该数量将增至 3000 个。

新研发中心将支持迈向新技术节点的半导体开发和制造，以及其他创新能力的发展。研发中心的总体目标是为 Global Foundries 提供硅技术全覆盖的终端到终端解决方案，研究内容范围从新型三维堆叠相关的互连和封装技术，到极紫外

---

① 1 平方英尺=0.092 903 04 平方米

光刻掩模技术，以及中间所有工艺技术（Global Foundries，2013）。

第二节   欧盟材料研究政策和计划

一、欧盟第七框架计划 NMP 主题 2013 年工作计划

"纳米科学、纳米技术、材料与新产品技术"（Nanosciences，Nanotech-Nologies，Materials and New Production Technologies，NMP）主题是欧盟第七框架计划（7th Framework Programme，FP7）中最大专项——合作计划（cooperation）的十大关键主题领域之一。NMP 主题的中心目标是支持欧洲产业从资源密集型向知识密集型转换，并实现可持续发展。该计划每年都会制订下一年度的工作计划（work programme），提出未来相关领域的优先发展方向。现对最新一期的 NMP 2013 年工作计划优先发展方向和项目主题进行介绍。

2013 年，NMP 将延续 2011 年和 2012 年的活动，继续促进相关领域的研究、应用和示范活动，特别是强调技术应用和示范，以支持和帮助实现包括欧洲 2020 战略[①]及其创新型联盟旗舰计划[②]，以及其他欧盟政策的目标。此外，参加支持"欧洲经济复苏计划"是 2013 年 NMP 主题的重要特征。从 2010 年工作计划起，NMP 通过"未来工厂""能效建筑"和"绿色汽车"三个公私合作计划（public-private partnerships，PPPs）为欧洲经济复苏计划提供支持。2013 年，NMP 主题的优先项目如表 1-3 所示。

表 1-3   NMP 2013 年优先项目

领域	项目
未来海洋	用于海洋环境中生物灾害和人为化学污染物实时监测的生物传感器
	新型海事应用防污材料
原材料	关键金属替代新材料开发——与日本科学技术振兴机构合作
	突破性的极端环境下矿产开采及加工解决方案
	欧洲原材料智能供应网络

① 为了扶持欧洲经济发展和维持欧洲的全球竞争力，欧盟委员会于 2010 年 3 月 3 日公布指引欧盟发展的"欧洲 2020 战略"，提出欧盟未来 10 年的发展重点和具体目标

② "创新型联盟"是"欧洲 2020 战略" 7 大旗舰计划之首，它由欧盟委员会 2010 年 10 月公布，欧盟理事会 2011 年 2 月批准，是欧盟未来 10 年的科研与创新战略文件

续表

领域	项目
智能城市	用于多功能轻质建筑材料和部件的纳米技术
	用于建筑护围或隔断的安全、节能、高效、廉价的新型生态创新材料
	在公共建筑改建中集成高效节能技术的解决方案
	用于监控和改进建筑能效的集成控制系统和方法
	通过深度改造商业建筑实现高能效目标
水资源	基于纳米技术的环境监测传感器
抗微生物耐药性	治疗细菌感染性疾病的纳米疗法

为支持贴近市场的活动,NMP 2013 年工作计划包纳了一些创新措施,包括提升基于实验室的工艺、中试规模的研究活动,以及一系列示范活动。这些活动主要体现在以下项目主题中,如表 1-4 所示。

表 1-4　NMP 2013 年工作计划创新措施相关计划

项目主题
能源应用中的纳米催化过程开发、优化与控制
开发用于碳纤维的新前驱体、新加工工艺和功能化设计
用于神经/神经肌肉和心血管领域先进治疗方法和医疗器械的生物材料
用于能源电力电子器件的宽禁带半导体材料和结构
用于农场和森林可持续生产的综合处理和控制系统
用于高效、稳定和廉价有机光伏电池的创新材料
极端环境下矿产开采和加工的突破性解决方案
用于海洋环境中生物灾害和人为化学污染物实时监测的生物传感器
新型海事应用防污材料
进一步提升工厂级资源回收利用技术
基于集成工厂设计的模块设备的创新式再利用
采用本地柔性制造技术制造定制化产品的迷你工厂
基于新型人-机器人互动合作的新型工厂环境下的混合生产系统
翻新和修理制造系统的创新型策略
复合材料和工程金属材料制成的产品的制造工艺

续表

项目主题
高度微型化部件制造
用于多功能轻质建筑材料和部件的纳米技术
用于建筑护围或隔断的安全、节能、高效、廉价的新型生态创新材料
在公共建筑改建中集成高效节能技术的解决方案
用于监控和改进建筑能效的集成控制系统和方法
改进抗老化电池材料

　　NMP 2013 年工作计划还致力于解决与创新密切相关的其他问题，如安全和监管、标准化、熟练劳动力的获取、关键原材料的替代，以及技术转移转换等。2013 年工作计划越来越强调创新相关活动，这体现在工作计划总预算的 2/3 投入了大型的、示范性的，或以中小企业为对象的合作项目当中。此外，自 2012 年工作计划以来，每个大型合作项目主题获得的平均预算越来越高，从 1500 万欧元增长到了 1800 万欧元。

　　NMP 特别注重企业的参与，从直接的项目参与，到较普通或较战略性的互动，莫不如此。NMP 通过设立以中小企业为对象的合作项目和相应主题，大力鼓励中小企业的参与。从预算方面计算，中小企业参与了约 23% 的项目。在 2013 年工作计划中，单独面向中小企业的项目预算约占总预算的 15%。为加强中小企业的科技基础和创新能力，NMP 制定了相关项目主题，如表 1-5 所示。

表 1-5　单独面向中小企业的项目

项目主题
用于神经/神经肌肉和心血管领域先进治疗方法和医疗器械的生物材料
用于农场和森林可持续生产的综合处理和控制系统
从研究到创新：欧洲知识产权产业化应用的坚定步伐，鼓励企业使用新材料和材料技术
高度微型化部件制造

　　欧洲委员会在 2011 年 11 月 30 日提出了"地平线 2020 研究与创新框架"（Horizon 2020 Framework Programme for Research and Innovation）计划（以下简称"地平线 2020"计划），NMP 计划持续强调的技术应用和示范，成为"地平线 2020"计划的天然桥梁。

　　在"地平线 2020"计划中提出的 6 个"关键使能技术"（key enabling

technologies，KETs）中，有 3 个（纳米技术、先进材料、先进制造系统）直接为 NMP 计划所支持，而其他 3 个 KETs 技术（微纳电子、光子学、生物技术）则通过材料和纳米技术交叉前沿得到间接的支撑。"地平线 2020"计划的特殊重点在于不同 KETs 之间，以及 KETs 与社会挑战之间存在的问题。在解决社会挑战和可持续性问题上，如资源、能效、环境保护以及改善卫生保健等领域，NMP 一直提供支持。因此，人们希望这些涉及 NMP 主题的研究领域，同时又属于"地平线 2020"计划竞争力支柱的活动能够在 FP7 的最后几年保持一种自然、平滑的延续。尽管 NMP 主题越来越强调应用，但长期的关键使能技术的研究，是纳米技术、材料和先进制造领域实现创新的重要驱动力，并且主要通过中小型合作项目来支持，这一领域的指导政策是"关键使能技术战略"（EU，2012a）。

二、组建"硅欧洲"集群联盟，加速信息材料研发

欧洲地区四大微纳电子学区域——德国德累斯顿的 Silicon Saxony、比利时的 DSP Valley、法国格勒诺布尔的 Minalogic 及荷兰埃因霍温的 Point One——联手组成产业集群联盟，称为"硅欧洲"（Silicon Europe），将开展为期 3 年的合作研发工作，进一步保持和扩大欧洲在微纳电子学领域的世界领先地位。"硅欧洲"联盟囊括了约 800 家研究机构和企业，如飞利浦、NXP、GLOBALFOU-NDRIES、英飞凌、意法半导体、施耐德电气和泰雷兹等全球市场领导企业（Singer，2012）。

欧盟在硅光子技术上取得突破。研究人员首次展示了一款硅集成可调谐发射机。该成果出自 FP7 信息与通信技术（ICT）主题下的一个名为"互补金属氧化物半导体光电子功能集成"（HELIOS）的项目。法国原子能委员会电子与信息技术实验室（CEA-Leti）、法国阿尔卡特朗讯贝尔联合实验室、英国泰雷兹研究与技术公司的专家称，硅上集成的可调谐激光源在全集成收发器领域是一项突破性的成就。比利时根特大学、微电子研究中心（IMEC）以及英国萨里大学的研究人员参与设计了调制器，为该研究提供了支撑。CEA-Leti 和 III-V 实验室还展示了单波长可调谐激光器，在 20℃ 下阈值为 21 mA，调谐范围为 45 nm，边模抑制比超过 40 dB（EU，2012b）。

德国英飞凌科技与欧洲业界伙伴启动先进工业生产能力研究项目"强化功率中试生产线"（enhanced power pilot line，EPPL）。EPPL 项目将与 32 个欧洲产业与研究单元合作，共同推动欧洲 300 mm 功率半导体生产技术的发展，其合作单

位覆盖了从研发到生产的整条价值链。项目将运行至 2016 年中期，英飞凌为项目领导者，总经费约 7500 万欧元。该项目的研究目标是在 300mm 薄晶圆生产技术上开发新一代的功率半导体，如 CoolMOS、IGBT、SFET，以及生产技术本身的改良。该项目旨在帮助实现"欧洲 2020"战略中关键使能技术的目标，因此得到了欧盟以及各成员国家与地区的资助，其中德国联邦教研部拟通过其"信息与通信技术 2020"计划对 EPPL 项目予以支持（Infineon，2013）。

三、泛欧研究网络 1.5 亿欧元资助材料研究

泛欧研究网络将支持 M-ERA.NET 材料与工程项目。M-ERA.NET 是欧盟联合资助的一个公共基金组织和基金计划的网络平台，其目的在于发展欧洲区域材料科学工程研发社群。这个网络平台于 2012 年 2 月推出，4 年内在整个欧洲的资助将会达到 1.5 亿欧元。该平台基金有望资助材料与工程空间的 200 个项目，将会创造一个更为强大的欧洲研究与技术开发社区，以支持欧洲经济。

材料科学已成为最具活力的工程学科之一，影响着现代社会家用电器、电子、能源等产品。近年来就新材料开发以及产品与生产过程的集成化，业界付出很大的努力以确保能应对当前所面临的挑战。为了确保欧洲处于发展的前沿，需要建立符合社会与技术需求的联合战略计划。2012~2016 年，M-ERA.NET 将通过欧洲 25 个国家之间创新的、灵活的 ERA.NET 网络，向欧洲 RTD 社区提供世界领先的知识。

四、欧盟投资千万欧元发展纳米薄膜太阳电池项目

FP7 已批准实施薄膜太阳能电池项目"基于纳米材料和工艺的低成本高效率硫族化合物太阳能电池开发和规模化制备"（SCALENANO），项目总预算为 1022.88 万欧元，项目执行期为 2012 年 2 月 1 日至 2015 年 7 月 31 日。共有来自欧洲 13 个不同机构的研究小组参与，分别为西班牙 Catalonia 能源研究所、法国 NEXCIS 光伏技术公司、瑞士联邦材料科学和技术研究所、德国默克集团、意大利理工学院、英国诺丁汉大学、英国创新材料工程技术公司、卢森堡大学、法国原子能委员会、德国亥姆霍兹柏林能源与材料研究中心、匈牙利 Semilab 公司、瑞士南方应用科技大学、柏林自由大学。这些研究小组将合作共同开发铜铟镓硒（CIGS）等硫族化合物太阳电池技术，削减生产成本，同时采用纳米材料以增加

薄膜模块效率，以提高欧洲光伏技术的竞争力（SCALENANO，2012）。

五、石墨烯项目获欧盟最大科技竞赛大奖

欧盟 2009 年宣布启动"未来新兴技术旗舰项目"科研竞赛，共收到 23 个项目提案。随后，欧盟委员会的一个科学专家小组根据所有提交计划的简短概述，在 2011 年从中初选了 6 个项目进行最终角逐。在最终的筛选过程中，欧盟建立了一个包括科学家、技术专家、实业家和一名诺贝尔奖得主在内的 25 人专家小组，选出代表未来前沿科技的科研项目。

2013 年 1 月，欧盟委员会宣布，该项目的最终获胜者为瑞士科学家领导的人类脑模型项目和瑞典科学家领导的石墨烯项目，在随后 10 年里将分别获得 10 亿欧元的资助大奖，近一半资金由欧盟和各国政府提供。其中，石墨烯项目将由来自瑞典 Chalmers 大学的 Jari Kinaret 教授领导，研发力量包括一百多个研究团队，主要研究人员有 136 人（包括 4 位诺贝尔奖获得者）（EU，2013）。

六、欧盟与日本开展绿色材料和清洁技术集群合作

在"欧盟促进国际中小企业集群合作计划"（EU initiative promoting international cluster cooperation for SMEs）下，欧盟和日本于 2012 年 11 月 12 日至 15 日在东京举行了欧盟-日本绿色材料和清洁技术集群对接合作会议。该集群合作计划获得了欧洲委员会企业与工业总司（European Commission's Directorate-General for Enterprise and Industry）和欧盟竞争力与创新框架计划的支持。作为一项新政策，旨在促进国际中小企业集群合作，组织特定国际集群对接活动，支持集群组织和中小企业成员在全球市场上建立伙伴关系和业务合作关系。

该计划第一个阶段的活动将集中在绿色材料方面，即 2012 年在日本东京举行的绿色创新科技博览会（Green Innovation Expo 2012），由欧盟-日本产业合作中心和索菲亚-安提波利斯基金会旗下的一个财团联合主办。由 18 个集群和中小企业的代表（来自德国、法国、瑞典、波兰、丹麦、西班牙和意大利）组成的一个欧洲代表团参加了会议，启动绿色材料领域的合作协议，并具体落实合作伙伴关系，重点合作领域包括：节能材料与部件、低环境负担材料与部件、轻量化材料与部件、能源生产和储存材料与部件、高寿命材料与部件、支持材料与部件新应用和发展的技术等。

欧洲的 9 个集群基本上代表了清洁技术领域的创新区域，集群分布见图 1-1，具体的 9 个创新集群和部分中小企业见表 1-6（EU，2012c）。

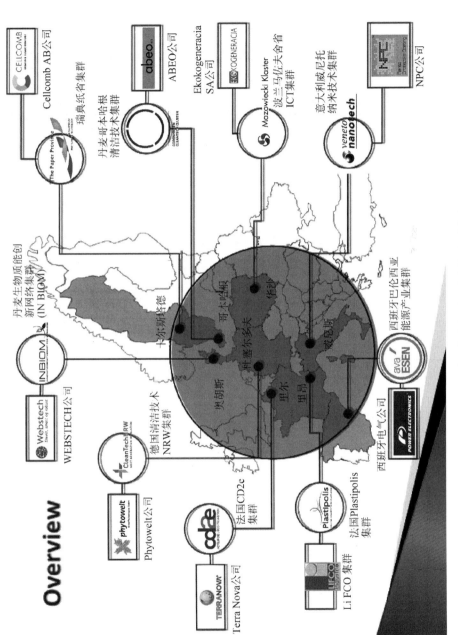

图 1-1 欧盟清洁技术领域 9 个创新集群分布

表 1-6　欧盟清洁技术领域 9 个创新集群和部分中小企业

集群	中小企业（SME）
法国 CD2e 集群（www.cd2e.com） 研究包括新型环境技术，如废物管理、回收、生态环境材料及建筑物等。不仅管理欧洲的项目，还管理在巴西和加拿大的各种国际项目。位于法国 Loos-en-Gohelle，包括 600 家企业和 60 个研究实验室	Terra Nova（www.terranovametal.fr） 专注于金属回收工艺和印刷电路板回收的研究、设计和实施
德国清洁技术 NRW 集群（www.cleantechnrw.de） 发展、促进和实施能源、化工、钢铁、生物技术等领域之间的潜在创新能力，目标是提升 CO_2 减排及这四个交叉能源领域合作潜力。位于勒沃库森，包括 80 家企业	Phytowelt（www.phytowelt.com） 专注于咨询、研发项目、技术和市场研究、组织和基因工程领域
丹麦哥本哈根清洁技术集群（www.cphcleantech.com） 支持清洁技术领域公司和机构之间的研究和创新伙伴关系，是全球清洁技术集群协会成员，包括 200 家企业	ABEO（www.abeo.dk） 专注于发展混凝土建筑技术，从根本上改善建筑行业的资助和环境影响
丹麦生物质能创新网络-INBIOM 集群（www.inbiom.dk） 在生物质能源领域知识和商业利益之间架起一座桥梁，发展新技术、产品和公司。由 6 家企业联合管理，重组 150 家企业	WebsTech ApS（www.webstech.dk） 专注于发展和制造的无线传感器技术，检测农作物等生物质在农业和食品工业的存储
波兰马佐夫舍省 ICT 集群（www.klasterict.pl） 为业务协作、研发机构、当地的各国政府和商业组织创建信息和通信技术领域平台，有效和经济地实现创新技术和解决方案。位于波兰华沙，代表 50 家企业	Ekokogeneracja SA（ekokogeneracja.com） 专注于热电可再生能源
瑞典纸省集群（www.paperprovince.com） 解决纸浆和造纸技术领域的问题。位于瑞典卡尔斯塔德，代表 93 家企业	Cellcomb AB（www.cellcomb.com） 专注于采用环境友好技术生产床上用品和毛巾、食品包装品等
法国 Plastipolis 集群（www.plastipolis.fr） 属于塑料工程行业集群，促进实现法国中小企业创新。还实施欧盟层面的各种研发项目。位于法国 Oyonnax，包括 280 企业	LIFCO（www.lifco-industrie.com） 专注于粉末材料的表面工程
西班牙巴伦西亚能源产业集群（www.avaesen.es） 促进合理利用能源，提高能源安全，对抗气候变化，支持可再生能源和清洁技术行业的发展和创新。位于西班牙瓦伦西亚，代表 175 家企业	西班牙电气公司（www.powerelectronics.es） 专注于能源电力器件生产，包括高功率电机、电启动器、速度驱动器和太阳能逆变器
意大利威尼托纳米技术集群（www.venetonanotech.it） 建立国际卓越研究中心，培育纳米技术应用。位于意大利帕多瓦，管理纳米技术领域各种研发活动	Nanto Protective Coating（www.nanto-paint.com） 专注于基于纳米技术的防腐和防火涂料发展和创新

第三节　英国材料研究政策和计划

一、英国技术战略委员会 2013～2014 年预算创纪录

2013 年 5 月 14 日，英国技术战略委员会（Technology Strategy Board，TSB）

提交了 2013～2014 财年预算,本财年预算金额相比上一财年增长了 5000 万英镑,创下了 4.4 亿英镑的记录。预计将因此受益的主要技术领域包括可再生能源、未来城市、先进材料、卫星技术、数字技术和医疗保健等。

TSB 作为英国支持企业技术转化活动的最主要机构,对英国创新产业的发展具有重要影响。独立研究表明,TSB 每投资 1 英镑,将会给英国经济带来 7 英镑的回报。扶持中小企业仍然是 TSB 的关注重点,60%的预算资金将用于扶持中小企业,帮助其成长和创造就业机会。

TSB 设立的专题技术领域(thematic areas)包括能源、建筑环境、食品、运输、医疗保健、高价值制造、数字化经济、空间应用、资源效率、使能技术、新兴技术等 11 个方向,其中 2013～2014 财年高价值制造和使能技术行动计划的预算情况如表 1-7 和表 1-8 所示(Gent,2013)。

表 1-7　2013～2014 年高价值制造行动计划

挑战	预算/万英镑
高价值制造推进中心(High Value Manufacturing Catapult)	3500
生物能欧洲研究区域网络	50
生物能可持续未来欧洲研究区域网络	150
促进配方技术的跨部门协作	500
工业生物技术欧洲研究区域网络	100
工业生物技术催化剂	250
工业生物技术特别关注组	60
材料化学特别关注组	75
迈向零原型技术(模拟建模技术)	350
智能系统与嵌入式电子	250
生命营养技术	300
添加制造技术	50
中国任务(Mission to China)以及与中国科技部开展联合研发项目	200
材料与重量效率	500

表 1-8　2013～2014 年使能技术行动计划

挑战	预算/万英镑
跨使能挑战	
技术灵感创新	1200
先进材料技术挑战	
轻量化技术	200
能源材料	150
M-ERA.NET 计划	63

续表

挑战	预算/万英镑
生物科技挑战	
生命营养技术	400
电子、传感器与光子技术挑战	
传感系统	150
光子技术	100
电子系统技术	225
信息与通信技术挑战	
大数据探索	350
软件工程	100
机器人与自动化系统	40
高性能计算	10

二、英国技术战略委员会资助技术启发创新研究

TSB 将投入 200 万英镑开展可行性研究，以激励英国核心技术领域的创新，并帮助小微企业应对当前和未来的挑战。资助的领域包括：新材料与纳米技术、生物科学、光电子与电气系统、信息与通信技术等。

其中，在新材料与纳米技术领域，通过支持前沿领域（包括但不局限于纳米材料、材料建模、计量与标准、加工技术、材料制造等），支持四大类材料——结构材料、功能材料、多功能材料、生物材料的研发。具体涉及：

（1）轻质材料与结构（包括复合材料和杂化材料）；

（2）电、磁、光功能材料和超材料；

（3）智能与多功能材料、器件和结构（包括通过纳米材料和纳米效应集成、开发新功能）；

（4）涂层技术、表面工程、颗粒工程、纤维与纺织品技术；

（5）自然与生物基材料，包括生物吸收性、生物活性、生物相容性材料；

（6）靶向输送系统的新材料；

（7）在生命周期中，减少环境影响的材料，包括多尺度建模、非破坏性评估、全寿命周期预测建模等。

在生物科学领域，生物科学技术在医疗保健与医药、农业、能源、食品以及个人护理产品等领域发挥重要的支撑作用，并关注以下主题：

（1）组学。开发新型的能更好地利用、理解和发展基因组学、转录组学和代

谢组学信息的工具与技术。主要包括收集、组织、筛选及解释生物信息学、生物系统建模和数据可视化的新型技术与方法。

（2）工业生物技术。开发材料、化工与能源产品的可再生原料和生物过程，特别鼓励开发能取代石化行业、取代石化方法的基于生物科学的过程，推进第二代和第三代生物燃料的发展。

（3）生物医药。开发新型的能促进发现、表征和生物工艺的技术与方法，以及能提高生物衍生产品复杂配方的技术。

（4）农业与食品。开发相关的方法以提高食品质量、营养成分、安全性，提高新型产品或功能性食品的可靠性和可追溯性。

在光电子与电气系统领域，主要是以下方向的示范、模型或原型等。

（1）控制系统和动力工程方向，减少建成环境中的电耗，工业加工及运输中的电耗；

（2）塑性及印刷电子；

（3）数据及图像获取；

（4）通信方向，下一代接入、高频无线局域网；

（5）系统设计与集成方向，嵌入式系统、机器人与自治系统、包括工业激光在内的计算系统设计。

在信息与通信技术领域，主要是基于软件的技术或方法，涉及：

（1）物理环境中，可靠、持续的传感；

（2）智能、自动化的机器推理和行为；

（3）考虑用户需求、偏好、价值、进程以及体验的计算机；

（4）复杂信息与通信技术系统。

小微企业从 2013 年 3 月 12 日起，1 个月的时间内可向 TSB 提出项目申请。项目时间跨度 4 个月，最多可获 2.5 万英镑的资助，项目总成本不得超过 3.3 万英镑（Technology Strategy Board，2013）。

2013 年 4 月，英国工程和自然科学研究理事会（Engineering and Physical Sciences Research Council，EPSRC）宣布投入资金 8500 万英镑，增加三种技术领域的研究强度和生产力，即先进材料（3000 万英镑）、电网规模储能（3000 万英镑）、机器人和自主系统（2500 万英镑）。这项工作将有助于开发电力存储、新材料（可帮助制造等行业发展）的新方式，并进一步研究自主系统如何与人类沟通、学习和工作。该计划主要响应财政大臣在 2012 年秋季前预算报告公布的发展英国八大技术，该八大技术投资将推动经济增长，并有助于确保英国的未来高科技，使英国继续处于科学和创新的最前沿（EPSRC，2013）。

三、新投资成为全球石墨烯研究中心

EPSRC 和 TSB 将联合资助英国的石墨烯研发，把英国建设成为石墨烯研究和技术的"大本营"，并快速实现商业化。首先，投资 4500 万英镑在曼彻斯特大学建设一家国家级的研究所，其中，英国政府出资 3800 万英镑。该研究所将面向全英的研究团队和商业活动开放。其次，英国政府将向石墨烯研究设备投资 1200 万英镑，EPSRC 也将向跨学科、跨研究团队，面向产业化的设备提供资助。再次，从 EPSRC 的研究预算中，划拨 1000 万英镑支持石墨烯工程化研究，加速新型器件、技术和系统的产生，并于 2 月初启动。最后，EPSRC 和 TSB 拨款 1000 万英镑，建立一个创新中心，致力于新兴石墨烯技术的市场开发和拓展（EPSRC，2012）。

剑桥大学将获得超过 1200 万英镑经费，用于先进柔性和光基电子器件的研发。帝国理工学院将获得约 450 万英镑用于研究石墨烯在航空器件上的应用，其余项目包括石墨烯的电子特性研究等。皇家霍洛威学院、埃克塞特大学、曼彻斯特大学和达勒姆大学的一些研究项目也将获得部分经费（UK，2012）。

曼彻斯特石墨烯研究中心的正式名称为"国家石墨烯研究所"（National Graphene Institute，NGI），中心运行之初预计将提供约 100 个工作岗位，远期将可能为英国西北地区带来数千工作岗位。NGI 占地面积约为 7600 平方米，将容纳最先进的研究设施，包括两个"洁净室"——其中一个将占据整个地下层——科学家将在那里开展无污染研究实验。NGI 还为曼彻斯特大学石墨烯领域专家提供了一个 1500 平方米的实验室，用来与业界和学界同行进行交流合作。在资金层面，除英国政府提供给 NGI 的 3800 万英镑之外，曼彻斯特大学已向欧洲区域研发基金（European Regional Development Fund，ERDF）申请了额外的 2300 万英镑。NGI 将采用"中心辐射"的模式与其他英国研究机构展开合作（University of Manchester，2013）。

四、英国投资加快国家航空业腾飞

英国政府和工业界将在航空航天研究和技术方向投资 1.2 亿英镑。该投资是 2011 年发布的英国航空战略展望报告（*Reach for the Skies: A Strategic Vision for UK Aerospace*）宣布的总投资 2.0 亿英镑的一部分，先前的 0.6 亿英镑已在英国空气动力学中心的财政预算案中宣布。新的投资重点支持以下领域：发展和建立英国空气动力学智慧领导力的能力建设工作；政府资助 2820 万英镑支持 6 个新空气动力学创新项目；新技术战略委员会竞争合作研究项目将获得政府资助的 2000 万英镑，以及企业匹配的 2000 万英镑（GOV.UK，2012）。

英国国防部国防科学与技术实验室将 1170 万英镑的奖励授予以 QinetiQ 公司为首的联盟，其他成员包括 Malvern Optical、BAE Systems、MBDA、NPL、Q-Par Angus 以及英国若干所大学等。这笔资金将允许 QinetiQ 公司及其合作伙伴在 Farnborough 和 Pershore 两地建立世界一流的设施，使得英国各地的企业能进行新材料研究和测试。这些材料最终将用于保护英国的海、陆、空三军。新的设施将作为国家级的枢纽，促进英国各地的国防科学与技术实验室材料与结构技术科技中心成员之间进行重要的合作，满足现在与未来的国防需求。该设施将主要面向英国工业界与学术界开放使用，2012 年 3 月开始试运行，2013 年 4 月全面投入运行（QinetiQ，2012）。

2013 年 3 月，英国发布了最新的航空航天战略《起航：拓展英国航空航天的战略视野》（*Lifting off: Implementing the Strategic Vision for UK Aerospace*）。该战略是英国政府产业战略的一部分。英国政府将与企业界开展雄心勃勃的长期合作伙伴关系（aerospace growth partnership，AGP）计划，并将向航空航天制造业联合投资 20 亿英镑，以确保英国保持该行业的世界领先地位。产业战略将专注于英国航空业的四大关键高价值领域：机翼、引擎、飞机结构和先进系统。

未来 7 年内，英国政府将建立一家航空航天技术研究所（Aerospace Technology Institute，ATI），政府将为其提供超过 10 亿英镑的投资（从 2014～2015 财年起，每财年 1.5 亿英镑，持续 7 年），同时企业提供相同额度资金配套。几家大型航空企业将参与 ATI 的组建，包括空客公司、劳斯莱斯公司航空部门等。ATI 的核心团队包括 30～50 名员工，主要从企业和学界借调。规模较大的项目将通过 TSB 由企业界和学术界组建的合作小组来承担。

ATI 将鼓励企业和学术研究者开发新一代更安静更节能的飞机，从而保证英国的研发活动走在世界前列。估计这将确保航空航天业产业链中拥有高达 115 000 个高价值的工作岗位。英国政府进一步承诺，将在未来 10 年内提供 16 亿英镑，以支持产业战略的发展，其中包括财政部的 10 亿英镑，以及商业、创新和技能部的 5 亿英镑，企业同样将提供等额资金配套（GOV.UK，2013）。

第四节　德国材料研究政策和计划

一、德国卓越计划第二阶段资助方案出炉

2012 年 6 月，德国卓越计划（Excellence Initiative）第二阶段资助方案出炉，共 39 所大学将获得 24 亿欧元的研究资助，具体资助情况见表 1-9。

表 1-9 德国卓越计划第二阶段资助情况

类型	资助目的	资助对象
研究生院	资助优秀博士研究生，提高德国博士研究生的整体水平	包括 Erlangen 先进光学技术研究生院、Heidelberg 基础物理研究生院、美因茨材料科学研究生院和 Stuttgart 大学卓越先进制造技术研究生院等在内的 45 家研究生院
卓越集群	提升高校的国际影响力，建设有竞争力的研究和培训设施，促进科研网络的发展和研究机构之间的合作	包括慕尼黑纳米系统计划（NIM）、先进材料工程-功能设备的分级结构形态（集群）、慕尼黑先进光子中心等在内的 43 家卓越集群
机构战略	对所有能促进德国顶级大学研发并提升国际竞争力的措施提供资助	11 项建议

德国卓越计划这一精英项目发起于 2006 年，旨在激励德国大学间的竞争，从而提升德国高等教育的整体素质。在所有的竞争中，都鼓励在计划中与当地伙伴（尤其是商业和工业上的伙伴）开展合作，强调跨学科研究与教学，注重为将来的学术领域带来一种积极的影响，以及把研究结果转化为实际应用的计划。联邦政府承担该计划 75%的资金，另外的 25%由大学所在的州政府承担。该计划将为获选的大学提供经费，以吸引和支持顶尖的研究人员及知名学者。2006～2011年，卓越计划共资助大学 19 亿欧元（DFG，2012）。

二、德国成立液态金属研究联盟

德国亥姆霍兹德累斯顿罗森多夫研究中心（Helmholtz-Zentrum Dresden- Rossendorf，HZDR）、卡尔斯鲁厄理工学院，以及其他亥姆霍兹研究中心、国内外大学联合成立了液态金属研究联盟。该联盟的目标一是促进可完整监控流量的新型测量方法的开发，二是提高液态金属技术的能源与资源利用效率（如金属铸造、熔渣中贵金属分离、太阳能硅生产等）。该联盟将运行 5 年，经费 2000 万欧元。

液态金属用于钢铁与轻金属铸造等诸多工业部门，在新型液态金属储能电池、零碳排放氢制备、太阳电池生产等未来技术领域也逐渐受到重视。液态金属能大容量储能、高效导热，其导热系数是水的 50～100 倍，并可在很大的温度范围内保持液态，因而适于用来为高能量工艺程序降温，也可提高能源和资源的利用率，因为温度升高，热力过程的效率也会随之提高。该联盟两个子项目也旨在推动液态金属在太阳能发电厂的应用（HZDR and KIT，2012）。

三、德国发布《纳米材料评估工具》报告

德国环境、自然保护与核安全部（German Federal Ministry of Environment，

Nature Conservation and Nuclear Safety，BMU）发布了报告《纳米材料评估工具》（*Assessment Tools for Nanomaterials*）。该报告总结了德国纳米委员会（Nano Commission）及其工作组进行纳米材料和纳米产品初步评估工具开发的过程。该报告旨在为基于预警原则的纳米风险管理提供决策支撑，并为处于纳米材料和纳米产品开发早期阶段的企业提供指导，以便它们对自家产品的适用性做出初步判断。

该报告总结了 2006~2011 年，德国纳米委员会受联邦政府委任，与产业界、科学界、权威专家和城市社会组织利益相关者开展"德国纳米对话"（German nano dialogue），并制定纳米材料使用相关标准和工具的过程。工作组在第一次交流过程中形成了"关注标准"（concern-criteria），用于表明某纳米材料是否存在问题，以及"非关注标准"（no cause for concern-criteria），用于表明哪些应用领域纳米材料风险可能较低。第二次交流过程中，在前者基础上形成了一系列"纳米材料对人类与环境影响评估标准"，用于在产品研发的早期阶段评估纳米材料的潜在影响。同期还形成了"纳米材料与纳米产品风险与收益比较标准目录"，为企业产品研发提供指导（Nanowerk，2012）。

四、巴斯夫与马普成立石墨烯联合研究实验室

2012 年 9 月 24 日，德国巴斯夫集团与马普学会高分子研究所成立了位于路德维希港的联合研发平台——碳材料创新中心。一个多学科工作小组将在这里对新型碳材料的基本科学原理和潜在应用展开研究。这支国际研究团队由包括化学家、物理学家和材料科学家在内的 12 名科学家组成。研究活动将在一个面积 200 平方米的实验室展开，内容包括碳材料的合成与表征研究，以及能源和电子应用潜力评估等。该联合研发平台的总投资达 1000 万欧元，合作期限初步定为 3 年（BASF，2012a）。

2012 年 4 月，巴斯夫公司宣布收购总部位于美国俄亥俄州克利夫兰的诺莱特（Novolyte）科技公司。通过此次收购，巴斯夫成为锂电池电解液的全球供应商，更进一步成为电池功能材料和组件的领先制造商，高性能材料业务扩大了巴斯夫在北美的市场。此次收购涵盖诺莱特的能源存储业务和高性能材料业务。前者主要致力于锂电池电解液的研发、生产和销售，后者则主要包括芳基膦、高性能溶剂和特种产品等特种化学品业务。巴斯夫还获得了诺莱特在电解液配方和特种化学品领域拥有的 10 个专利族。

巴斯夫将在收购框架内，继续维持与韩国高纯度特种盐六氟磷酸锂（$LiPF_6$）生产商——厚成（Foosung）公司的合资企业。$LiPF_6$ 是生产电解液的重要材料，而电解液则是锂离子电池中的关键功能型组件。诺莱特在中国苏州设有生产基

地，位于江苏南通的 $LiPF_6$ 工厂目前正在建设中，该工厂将由厚成和巴斯夫的合资企业负责运营（BASF，2012b）。

五、德国推出原材料高效利用项目

2012 年 10 月，德国联邦教研部（BMBF）宣布启动高科技战略原材料研究项目，项目经费达 2 亿欧元。该项目致力于开发高效利用并回收原材料的特殊工艺，从勘探、开采、加工、回收到替代，追随非能源矿产资源的整个价值开发链，以便加强稀土、铟、镓、铂（Pt）族金属等的回收，促使资源循环。这类原材料对于通信技术、环保技术以及可再生能源产业极为重要。该项目的启动将有助于实现德国政府的资源战略与资源效率计划，并可为落实德国联邦教育部与环境部在 9 月共同通过的"绿色经济"联合倡议做出贡献（BMBF，2012）。

第五节　日本材料研究政策和计划

一、日本要开发 100 万万亿次超级计算机

日本文部科学省计划自 2014 年春季起着手开发具有世界最高性能的新一代超级计算机，力争比 2011 年夺取世界最快计算速度的日本理化学研究所的超级计算机"京"快 100 倍左右，在 2020 年前后投入运行。超级计算机是国家科学技术实力的指标，同时还将影响产业竞争力，全球开发竞争正日趋白热化。日本将投入 1000 亿日元左右的开发费。

超级计算机在最尖端研究和产品开发方面不可或缺。如果利用其超大规模计算能力进行高精度的模拟实验，能大幅削减研究开发需要的时间和成本，还能掌握实验难以解释的现象。超级计算机"京"拥有每秒 1 万万亿次的计算能力。2011 年曾位居世界第一，但在最新排名中下降至第三位。新一代超级计算机将力争达到 100 万万亿次的水平。而欧美和中国也计划在 2020 年前后完成同样的超级计算机，日本文部科学省还将讨论提前完成开发。

日本文部科学省首先计划将新一代超级计算机用于防灾。如果性能达到"京"的 100 倍，就能精确再现地震、海啸和局部暴雨等，如可以预测特定城市发生的灾害，为居民指出最佳避难路线。此外，还有助于产业竞争力的提高。日本第一三共公司正在利用"京"筛选新药，而丰田汽车则在利用"京"分析燃料在发动

机内部燃烧的情形（日经中文网，2013）。

二、稀土减量替代研究和再回收利用

日本经济产业省将援助有利于减少海外稀土采购量的技术开发，向无需使用稀土的零件技术和从废弃家电中回收稀土的技术提供研发补助经费。日本经济产业省希望通过实施扶持政策，对中国产稀土中镝的依赖度在 2 年后减小至目前的一半左右。镝是混合动力车和节能家电马达使用的高性能磁铁的必备材料。机床制造商日本捷太格特（JTEKT）在充分利用政府补贴的同时，将研发在磁铁上无需使用镝的新型马达（日经中文网，2012a）。

日本政府与民间企业将联手开发稀有金属再利用技术。稀有金属是新一代节能汽车等产品不可或缺的物质。此次通过政府与民间企业联手，将开发从废弃汽车和电脑中提取稀有金属的技术，目前已着手实施联合研究，力争从 2014 年开始普及新技术。具体做法是从废弃的"都市矿山"回收马达，然后从中提取钕和镝，并力争 2025 年稀有金属回收利用量达到总需求量的 10%。具体实施上，民间的汽车和家电厂商负责研发回收再利用技术，日本政府给予资金补贴。补贴金额将纳入 2013 年的预算估算（日经中文网，2012b）。

本田汽车宣布称已研发出一种技术，可以使混合动力车（HV）镍氢电池中含有的稀土实现再利用。此次成功再利用的是稀土混合物，一般用于镍氢电池的负极材料。在将电池分解之后，通过高温烧结粉碎，然后在熔融状态下提取稀土，据称与从矿山开采和精炼的稀土具有同等纯度（日经中文网，2012c）。

三、欧日美举行三边关键材料会议

2012 年 3 月 28 日，日本经济产业省联合欧洲委员会、DOE 在日本东京举行三边关键材料会议，将就关键材料的全球性短缺导致的战略影响展开探讨。此次会议由日本新能源和产业技术开发组织承办。DOE 部长朱棣文、日本经济产业大臣 Yukio Edano、欧洲议会议员兼绿党副主席 Reinhard Bütikofer、欧盟驻日大使 Hans Dietmar Schweistgut 等将出席这一会议（NEDO，2012）。2013 年 5 月 29~30 日，欧美日三边召开了第三次三边会议。

四、日本东丽公司将大幅提高碳纤维产能

日本东丽公司 2012 年 3 月宣布，计划投资 450 亿日元（约合 5.53 亿美元），

扩大在日本、美国、法国和韩国的碳纤维工厂的产能。目前，东丽公司在全球拥有碳纤维年产能1.79万吨，预计2013年1月之前产能将增加到2.11万吨，2015年3月产能将达到2.71万吨。约50%的总投资将在日本建设爱媛工厂的综合性碳纤维原丝和高性能小丝束碳纤维生产设施，以提高飞机和高档汽车用碳纤维的产能。该生产线产能为1000吨，东丽公司已经开始建设工作，预计2015年3月开始投产。

在东丽公司的三个海外生产基地中，由于波音公司的787客机将全面开始生产，飞机用纤维产品在生产线上的占比升高，东丽公司将强化通用高强度弹性丝的生产设备，以确保面向工业和体育用途产品的稳定供应。

东丽公司法国子公司（CFE）将建设原丝生产设施，成为继日本和美国之后的第三个原丝生产基地。CFE目前一直从日本进口原丝，该设备投产后就可以采用自己生产的原丝，同时还将向东丽公司韩国子公司（TAK）供应原丝。东丽公司美国子公司（CFA）公司将增设产能为2500吨的新碳化设备线，将于2014年9月投产。此举旨在满足不断增长的天然气压力容器等环境和能源应用市场，同时还计划进一步扩大巴西等拉美国家的业务市场。TAK也将在龟尾第三工厂兴建与CFA相同标准产能的碳化设备，年产2500吨，预计2014年3月投产。TAK目前正在安装高强度和标准模量纤维生产设施，年产量2200吨，2013年1月投产（Composit esworld，2012）。

五、"碳纤维车"最早2020年投入实际应用

日本东丽公司、丰田公司和东京大学等自2013年7月起联手开发全面采用重量轻、强度高的碳纤维汽车。今后将推进加工技术等的研究，到21世纪10年代后半期，将能够提供用于量产车的零部件。最早到2020年，重量减轻六成、安全性更高的汽车将投入实际应用。日本此举旨在积极利用具有优势的尖端原材料，提高环保车的国际竞争力。

除了以上机构之外，日本三菱丽阳、帝人旗下子公司TohoTenax、日产汽车、本田技术研究所、三菱汽车工业、铃木公司和名古屋大学等也将参加联合开发。日本经济产业省将其作为一项国家计划提供援助，2013年度将提供约40亿日元资助，而今后5～10年里还将提供数百亿日元资助。

碳纤维存在难以制造原材料和加工等缺点。东京大学和各碳纤维制造商已经在克服这些缺点方面取得了基础性技术的突破。各方将在设于东京大学和名古屋大学的基地确立量产技术，力争将零部件等的成本降低至与目前主要采用的铁材料相同的水平。

如果仅用碳纤维替换铁材料，重量只能减轻三成，要实现重量减轻六成，还需要设计适合碳纤维的车身和底盘，因为在发动机周围和轴承等部分采用耐摩擦、耐高温的铁和铝材料被认为更为有利。因此，今后将在考虑用途和成本的同时，推进碳纤维的应用。

第六节　俄罗斯材料研究政策和计划

一、俄罗斯制定至 2030 年材料科技发展战略

全俄航空材料研究所（All-Russian Scientific Research Institute of Aviation Materials）会同各部门和研究所及行业企业对全球材料学领域现状和未来发展进行了评估，在此基础上制定了至 2030 年俄罗斯材料科技发展战略，以及新型材料主要应用企业的发展战略，这些企业包括：俄罗斯航天集团、联合航空集团、航空发动机集团及战术导弹生产集团等。

该发展战略涵盖材料学的 18 个研发方向，其中包括智能材料、金属化合物、纳米材料及涂层、单晶耐热超级合金、含铌（Nb）复合材料等，为各企业研发突破性产品提供材料保障。这 18 个方向的 80% 将用于现代化发动机。材料科技发展战略本身的目标是实施 10 个项目。发动机制造领域的目标是，通过开发新一代耐热材料和耐热涂层研发推重比为 20：1 的先进发动机，并将其生命周期成本降低 20%。

俄罗斯政府将审议批准该发展战略，并在此基础上制订俄罗斯材料科学国家专项计划。该计划拟于 2014 年启动，5 年内总拨款规模约为 500 亿卢布[①]。按照该专项计划，在保留经营自主权的基础上合并包括全俄航空材料研究所、黑色冶金研究所、"普罗米修斯"结构材料中央研究所、聚合物研究所在内的俄罗斯材料领域重点研发机构，建立俄罗斯国家材料与技术中心，整合各研发机构的研究成果，联合研发新型材料，业务方向涵盖航空制造、火箭航天、造船和普通机器制造等行业（中国科技部，2012）。

二、俄或设立国防研究机构

据俄罗斯国际新闻通讯社报道，俄罗斯副总理罗戈津（Dmitry Rogozin）透

---

① 1 卢布约合 0.21 元人民币

露或将于 2012 年年底设立俄罗斯先进研究项目基金（Russian Foundation for Advanced Research Projects），在国防工业领域扮演类似美国国防部先进研究项目局（DARPA）的角色。该机构将促进先进武器的开发，并简化俄罗斯国内武器采购流程。罗戈津希望该机构能将基础研究和应用研究更加紧密地结合起来，力争在三年内使得俄罗斯在关键国防领域实现技术突破。该机构将在国家武器采购计划资助下（至 2020 年）雇佣 100～150 名专家（RIA，2012）。

2012 年 12 月 27 日，俄罗斯总理梅德韦杰夫批复了俄罗斯航天活动国家规划计划，至 2020 年将向空间产业投入 2.1 万亿卢布（约合 687 亿美元）。该计划将使俄罗斯在国际空间站对月球、火星和太阳系其他天体的观察研究等活动中处于更加积极的位置（REUTERS，2012）。

三、俄罗斯投资开发战略性高技术材料——铍（Be）

铍是一种具有重要战略意义的金属，是核能工业、航空航天行业、电信设备行业等必不可少的原材料。俄罗斯国有纳米科技集团（RUSNANO）和东西伯利亚金属公司已经开始投资从铍的开采、冶炼到纳米铍材料加工的全周期项目。

该项目的预算总额为 70 亿卢布，双方各出资 35 亿卢布。项目投产后将满足整个俄罗斯国内需求，订单主要来自政府和商业机构。

专家预测，俄罗斯太空行业铍需求的年均增长率预计为 7%～8%，民用航空业年均增长预计为 6%～7%，汽车产业年均增长率预计为 2%～3%，电信行业年均增长率预计为 10%，到 2015 年铍的全球市场将达到 465 吨，该项目将满足世界铍需求量的 24%（RUSNANO，2012）。

第二章

新型信息材料发展
趋势研究

第一节　石墨烯制备与应用路线图

自 2004 年英国曼彻斯特大学利用"撕胶带法"从石墨中剥离发现石墨烯以来，便掀起研究石墨烯的热潮。石墨烯是人们所能获得的第一个二维原子晶体，诸如机械硬度、强度与弹性、导电及导热等性质都是超强的。这使石墨烯很有可能替代现有众多应用领域中的其他材料，所有这些极端的性质都集中在一种材料中，意味着石墨烯有望推动几项革命性的技术：集成了透明性、传导性和弹性，石墨烯或将用于柔性电子器件；集成了透明性、气密性和传导性，石墨烯或将用于透明保护涂层或阻挡层；这些性质的组合还在不断增多。石墨烯在短短几年时间，一项项突破接踵而至，石墨烯产品已经出现，产业化之路也露出曙光。

一、石墨烯性质

石墨烯是一种由碳原子以 sp^2 杂化轨道组成六角形呈蜂巢晶格的单层片状结构新材料。单层薄膜的厚度只有 0.335nm，把 20 万片薄膜叠加到一起，也只有一根头发丝的厚度。正是石墨烯的独特结构，使其具有极强的机械强度，以及超高的导电性、导热性、弹性、气密性等优越性能。室温下石墨烯的强度是钢的 100 倍，电子迁移率是硅的 100 倍。

石墨烯的研究进展如此之快，一大原因就是在实验室可以通过相对简单、廉价的途径制得高品质的石墨烯。实验条件下测得的石墨烯性质超过了其他任何材料，甚至一些达到了理论预测极限：室温下的电子迁移率为 $2.5 \times 10^5 cm^2/(V \cdot s)$ [理论极限约为 $2 \times 10^5 cm^2/(V \cdot s)$]；杨氏模量为 1 TPa，固有强度 130GPa（非常接近理论预测值）；

非常高的热传导性［热导率大于 3000W/(m·K)］；光吸收 $\pi\alpha \approx 2.3\%$（针对红外，式中 α 为精细结构常数）；任何气体完全不能透过；能够维持极高的电流密度，是铜（Cu）的 100 万倍。石墨烯还有一个已被验证的性质，那就是易被化学修饰。

然而，仅有高品质的石墨烯样品，如机械剥离制得的石墨烯，以及六边形氮化硼（BN）等特定衬底上沉积的石墨烯方可获得这些性质，但还有一些批量方法得到的石墨烯尚未具备这些超强的性质。一旦大规模制备的石墨烯具备了与实验室里最佳试样相同的性质，产业化应用的春天就不远了。

二、制备方法的挑战

从本质上来说，石墨烯的应用市场是由具有特定性质的石墨烯的制备工艺推动的，这种局面或还将维持若干年的时间，或者说，至少到石墨烯的各种潜在应用都符合了各自的需求。当前，制备各种维度、形状和品质的石墨烯的方法有很多，以下仅讨论那些有望进行产业升级的方法。

可以根据得到的石墨烯的品质（进而是可能的应用）进行分类：①石墨烯或还原的石墨烯氧化物薄片，用于复合材料、导电涂料等；②平面石墨烯，用于低活性或无活性器件；③平面石墨烯，用于高性能电子器件。各种等级的石墨烯的性质非常依赖于其品质、缺陷类型、衬底等，而这些受制备方法的影响很大。图 2-1（Novoselov et al.，2012）和表 2-1 对此进行了简要总结。

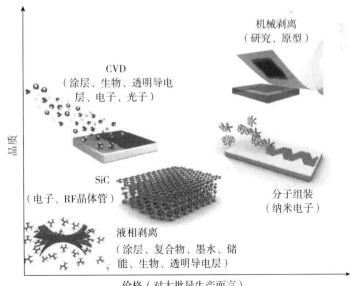

图 2-1 几种大批量制备石墨烯方法的比较

表 2-1 不同方法制备的石墨烯的性质比较

方法	晶体大小/μm	试样大小/mm	载流子迁移率（环境温度）/[cm²/(V·s)]	应用
机械剥离	>1000	>1	>2×10⁵且>10⁶（低温下）	研究
化学剥离	≤0.1	作为层叠薄片的一层，无限	100（对于层叠薄片的一层）	涂层、涂料/墨水、复合物、透明导电层、储能、生物应用
石墨烯氧化物化学剥离	~100	作为层叠薄片的一层，无限	1（对于层叠薄片的一层）	涂层、涂料/墨水、复合物、透明导电层、储能、生物应用
化学气相沉积（CVD）	1000	~1000	10 000	光子、纳米电子、透明导电层、传感器、生物应用
碳化硅（SiC）	50	100	10 000	高频晶体管及其他电子器件

以 CVD 方法为例。该方法有以下不足：一般需要从铜基转移至电介质表面或其他衬底，加之能耗较大，工艺成本较高，得到的石墨烯往往存在缺陷、晶界、夹杂厚层等。CVD 法制备石墨烯在被广泛使用之前，尚有一些问题需要解决。例如，石墨烯能在几十纳米的金属薄层上生长，同时控制晶粒尺寸、波纹、掺杂程度以及层数等。改进转移过程，使得对石墨烯的损伤最小，并能使金属循环使用。

转移过程与生长过程一样复杂，因而出现了一些依赖于石墨烯在金属表面共形生长的应用，此时无需去除金属衬底。例如，石墨烯是各种气体的优良屏障，在金属表面形成一层共形层，可使金属抵御腐蚀。

一旦石墨烯能够在各种衬底表面上、低温环境下（如等离子体 CVD 等）生长，并且使缺陷最少，这将会是重大的突破。若能利用各种表面，就可避免步骤复杂、成本高昂的转移过程，改善石墨烯与硅（Si）、砷化镓（GaAs）等的耦合。低温环境则能提高石墨烯与现代微电子技术的兼容性，并极大地节约能源。

SiC方法的两大缺点在于SiC晶片的高成本以及所使用的高温（高于 1000℃）。短期内看，高温问题难以得到解决。此外，消除叠层、提高晶粒尺寸、控制来自衬底和缓冲层的掺杂也是将来需要克服的技术问题。

尽管当前还有大量其他的制备方法，但在未来 10 年投入商业化难度较大。然而，仍有一些方法值得关注。单分子层前驱物与线性聚亚苯基的表面辅助耦合，然后再进行环化脱氢，这是制备高品质石墨烯纳米带甚至更复杂的结构（如 T 型、Y 型连接）的自下而上的新方法。分子束外延生长可用于制备化学纯石墨烯，但其成本高于 CVD 方法。激光消融技术则可将石墨烯纳米薄片沉积在各种表面上，该方法与化学剥离石墨烯的喷涂技术形成正面竞争，也不会被广泛使用。

三、石墨烯的应用和发展路线

1. 电子器件

石墨烯由于没有带隙，不太可能在未来的 10 年内作为沟道材料被应用于高性能集成电路当中。不过，许多其他的要求较低的石墨烯电子应用正在开发当中。石墨烯具有超高的载流子迁移率和极薄的物理厚度，因此在柔性电子器件、高频晶体管和逻辑晶体管领域有一定发展潜力。

触摸显示屏、电子纸（e-paper）和有机发光二极管等电子器件中，广泛使用了透明导电涂层材料，这种材料需要较低的薄膜电阻和较高的透光率。石墨烯满足电性能和光性能方面的需求，并且单层透光率达到了 97.7%，不过传统的铟锡氧化物（ITO）在这些特性方面表现得比石墨烯略胜一筹，但考虑到石墨烯性能日渐改善，而 ITO 将会越来越昂贵，石墨烯材料仍然不失为一种良好的替代选择。除此之外，石墨烯还具有出色的柔韧性和化学稳定性，这两种对于柔性电子器件而言相当重要的特质是 ITO 不具备的。触摸屏、电子纸以及可折叠 OLED 等的石墨烯原型产品预计要到 2014～2016 年才会面世。

石墨烯在高频晶体管上的应用也得到了广泛的研究，不过它仍面临与更成熟的技术如化合物半导体的竞争，因此石墨烯在高频晶体管上的实际使用可能要到 2021 年以后，届时化合物半导体将无法满足器件的需要（截止频率 f_T=850GHz，最大振荡频率 f_{max}=1.2THz）。不过当前报道的石墨烯 f_T 仅 300GHz，普通石墨烯结构的 f_{max} 仅 30GHz。

在逻辑晶体管中，硅技术仍然具有一定发展潜力，由于没有带隙，石墨烯若要替代目前的硅技术，可能必须等到 2020 年之后。图 2-2（Novoselov et al., 2012）和表 2-2 列出了部分可能的石墨烯电子应用以及原型示范时间节点。

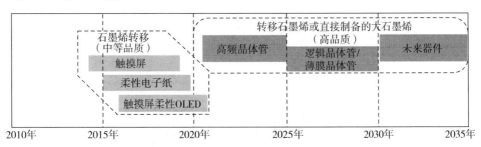

图 2-2　石墨烯电子应用时间节点

表 2-2　石墨烯电子应用

应用	优势	需解决的问题
触摸屏	石墨烯具有比标准材料更好的耐久度	需要更好地控制石墨烯的接触电阻，降低薄膜电阻
电子纸	单层石墨烯具有很好的透光率	需要更好地控制接触电阻
可折叠 OLED	石墨烯可弯性低于 5mm；石墨烯的功能可调性能够改善 OLED 的效率；其原子级的平滑表面可以帮助避免短路和漏电	需要更好地控制接触电阻，降低薄膜电阻，以及实现三维结构的同形覆盖
高频晶体管	（根据 2011 版 ITRS 路线图）2021 年后，将没有可用于磷化铟（InP）高电子迁移率晶体管（低噪）的制造解决方案	需要达到电流饱和，以及达到截止频率 f_T=850GHz，最大振荡频率 f_{max}=1.2THz
逻辑晶体管	高载流子迁移率	需要构建新的石墨烯结构，解决带隙与迁移率之间的平衡问题，并达到高于 10^6 的截止/导通比

2. 光子学

电子在石墨烯中表现出的行为是一种无质量的二维粒子，这使其对于光子能量低于 3eV 的正入射光具有非常明显的与波长无关的吸收能力。此外，由于泡利阻塞效应，当光子能量在低于 2 倍费米能级时，单层和双层石墨烯的将会完全透明。石墨烯的这些性质适合于制造可控式光器件。

石墨烯光探测器是目前研究最活跃的光器件之一。相比半导体光探测器，石墨烯的光谱范围相当广，从红外到紫外都可探测。石墨烯的另一优势是高频工作带宽，理论上达到 1.5THz，实际极值为 640GHz，这使其很适合高速数据通信。带隙的缺失使石墨烯光探测器需要一种特别的载流子拉出模式。由于石墨烯过薄，有效探测面积小，使其光吸收能力较弱，最大响应度很低。考虑锗光探测器的最大工作带宽，石墨烯光探测器可能要到 2020 年以后才具有竞争力，见图 2-3（Novoselov et al.，2012）和表 2-3。

硅基光调制器的工作带宽很窄，大约仅为 50GHz，而石墨烯能够吸收很广的光谱范围，响应速度极高，能够有效提高光调制器的性能，可能实现高于 50GHz 的工作带宽，不过相关成果可能要到 2020 年以后才会出现。

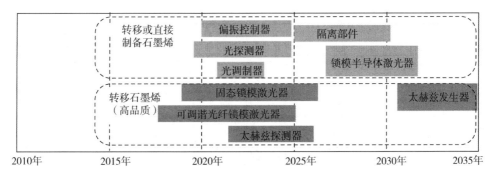

图 2-3　石墨烯实现光子器件应用的可能时间节点

表 2-3　石墨烯光子应用

应用	优势	需解决的问题
可调谐光纤锁模激光器	石墨烯具有很宽频谱范围	需要低本高效的石墨烯转移技术
固态锁模激光器	石墨烯饱和吸收体比较廉价并且容易与激光系统整合	需要低本高效的石墨烯转移技术
光探测器	石墨烯能够提供 640GHz 的波长带宽（片间通信或片内通信）	需要增加响应度，这需要开发新的石墨烯结构或进行掺杂控制，并且调制器带宽也要做相应变化
偏振控制器	当前偏振控制器体积很大，或难以集成，石墨烯具有体积小、能够与硅集成等优点	需要得到高质量石墨烯，并且能够完全控制其各项参数
光调制器	石墨烯能够提高工作速率，避免复杂的 III-V 族半导体外延生长	需要得到具有较低薄膜电阻的高质量石墨烯，使其工作带宽提高到 100GHz 以上
隔离部件	石墨烯能够在硅衬底上做出很小的隔离部件	对这类产品而言需要降低磁场强度并优化工艺结构
被动锁模半导体激光器	石墨烯饱和吸收体可以提供大于 50 个波长的密集波分复用光纤互连，这一点是激光阵列无法做到的	竞争对手是主动锁模半导体激光器和锁模外腔激光器

　　显微镜等仪器中使用的声光锁模激光器，通常使用饱和吸收体选择性发射高强度光来进行亮度调制。与传统半导体饱和吸收体相比，石墨烯单位厚度可以吸收大量的光子，可以在很广的光谱范围内在较低强度下达到饱和，并具有超快载流子弛豫时间、可控调制深度、高热导率等优点，而且只需要面积很小的石墨烯就可以实现。因此，石墨烯在该领域的商业化在 2020 年以前就能够实现。

　　在传感器、医学成像仪器中常用的太赫兹发生器应用中，近期研究考虑采用飞秒激光脉冲激发单层石墨烯或多层石墨来产生载流子，不过这种方法产生的强度比 III-V 族半导体光导天线弱了 3~4 个数量级。因此，实际的石墨烯太赫兹发生器可能要到 2030 年才能实现。

光学偏振控制器如偏振器、偏振旋转器是控制光子偏振属性的重要部件。如果使用石墨烯，必须使用高质量、毫米尺寸的石墨烯与光纤等其他部件集成在混合器件中共同工作，因此相关的石墨烯应用最早也要等到 2020 年才能实现。

3. 复合材料

石墨烯的机械、化工、电子、阻隔性能以及高纵横比，使其在复合材料中的应用中具有很强的吸引力。但纯石墨烯与碳纤维基体可能不具有黏合性，将需要对石墨烯进行化学修饰。对于聚合物基体的环境，石墨烯可以起到气阻、湿阻、电子屏蔽、导热、导电、应变检测的作用，因此可以提高复合材料的操作温度、减少湿气的吸入、减少抗静电行为、保护复合材料免受雷击、提高耐压强度等。目前，石墨烯复合材料的研究主要集中在石墨烯聚合物复合材料和石墨烯基无机纳米复合材料上，而随着对石墨烯研究的深入，石墨烯增强体在块体金属基复合材料中的应用也越来越受到人们的重视（匡达和胡文彬，2013）。石墨烯基复合材料市场是近几年才出现的新市场，真正的突破需要等到石墨烯薄片达到 $10\mu m$ 且容易制备的时候。

4. 能源

石墨烯被寄予厚望的应用实例之一是转换效率非常高的新一代太阳能电池，如量子点、染料敏化太阳电池等。展望其今后的应用领域，首先是透明导电膜领域，其次是中间电极等领域（技术在线，2011）。石墨烯具有非常高的载流子迁移率，因此即使载流子密度非常小，也能确保一定的导电率。有机薄膜太阳能电池是最接近石墨烯实用化的应用之一，在太阳能电池中使用石墨烯作为中间电极的优点是透明且与半导体层的相容性较高。石墨烯中电子和空穴的载流子迁移率相等，既有 n 型又有 p 型，而原来的中间电极一般重叠使用 n 型和 p 型两种材料，因此石墨烯仅需一层就能替代原来的材料。

石墨烯应用于新一代锂离子电池也得到了广泛的研究，添加石墨烯和炭黑的电极可以提高阴极的导电性，还可以解决锂离子电池的局限性——低的比功率密度。石墨烯高的热导电性有利于在电池系统产生大量的热。石墨烯片作为阳极可植入锂中形成层状晶体。

石墨烯具有高的室温电导率、导热系数，石墨烯片之间形成的微孔结构利于电解液的渗透和电子的传输，因而被认为是超级电容器理想的电极材料。石墨烯可作为超级电容器的电极，石墨烯与金属氧化物、导电聚合物、碳纳米管等复合形成石墨烯复合材料用于电极。

5. 传感器

石墨烯对一些酶呈现出优异的电子迁移能力，对一些小分子具有良好的催化性能，使其适合做基于酶的生物传感器，即葡萄糖传感器和乙醇生物传感器。基于石墨烯的电极在电催化活性和宏观尺度的导电性上比碳纳米管更有优势，石墨烯电化学传感器性能更优越，石墨烯还可以对 DNA 电化学传感器进行修饰（宋英攀等，2013）。石墨烯传感器具有多种功能，可以检测应力、环境气体、压力、磁场等。石墨烯在传感器领域的应用还包括分子传感器、气体探测器等。与传统 CCD 或 CMOS 传感器相比，石墨烯传感器还更容易制造、更小、更薄。

6. 生物

石墨烯在生物领域也有很多潜在应用。石墨烯表面积大、化学纯度高、功能实现便捷，因此在药物传输方面具有重要应用。石墨烯优良的机械性能使其用于组织工程和再生医学领域。石墨烯具有超级薄、高导电性、高强度等特性，成为透射电子显微镜下生物分子成像的理想支撑材料。石墨烯优良的化学性能使其成为超快和超灵敏的检测器件，可用于检测众多的生物分子，如葡萄糖、胆固醇、血红蛋白、DNA等。在生物领域内广泛应用石墨烯前，还必须充分了解石墨烯在制备等一系列过程中的生物分布性、生物相容性、急慢性毒性等。

四、结语

欧盟、美国、韩国、英国等投入大量资金用于石墨烯的科研以及商业化研究。2013 年，由瑞典查尔姆斯理工大学领衔的石墨烯研究项目从欧盟迄今资助经费规模最大的未来新兴技术竞赛中脱颖而出，获得 10 年共 10 亿欧元的经费支持。

中国石墨烯 SCI 论文数量位居国际前列，研究水平也进入国际先进行列。石墨烯的制备方法与应用是我国研发和关注的焦点，但还面临较大的挑战。石墨烯相关专利的申请与受理主要集中在美国、日本、中国、韩国以及欧洲。中国与韩国是石墨烯技术领域的后起之秀，近年来专利申请数量增长迅速。中国科学院有许多团队在从事石墨烯研究，在制备方法和应用研究方面陆续取得了一系列成果，有些工作具有国际先进水平。

物理学家曾经将石墨烯想象成一种完美的碳原子二维晶格。然而，随着新技术路径的发现，研究范例也发生了转移：即便是不完美的石墨烯也能够得到应用。

实际上，不同的应用需要不同品质的石墨烯，这使石墨烯材料更容易迈向实际应用。由于当前石墨烯应用市场由这种材料的生产情况决定，这类应用需要多久才能到达消费者手中有了一个明晰等级区别。那些使用最低等级、最便宜和最易获取的材料将会在数年内首先面世，而那些高品质或者具有生物相容性的应用可能需要数十年来开发。此外，由于近几年石墨烯的相关开发非常迅速，石墨烯的性质得到了持续改良。尽管如此，只有在石墨烯的性质足够吸引人，能够转换成具有足够竞争力的实际应用的时候，才能够取代目前的标准材料。

石墨烯是一种非常独特的晶体，它集众多超级性能于一身，这意味着其能力只有在为其量身订造的新型应用中才能发挥得淋漓尽致。在不远的将来，随着各种新技术，如可打印电子器件、柔性电子器件、柔性太阳电池和超级电容器等的出现，石墨烯将展现出其巨大的潜能。

第二节　辉钼半导体材料发展趋势

辉钼是一种非常有前途的新材料，可以超越硅的物理极限，比传统的硅材料、富勒烯、石墨烯等在纳米电子设备应用方面更具优势，在制造微型晶体管、未来电子芯片、发光二极管、太阳能电池等方面有很大潜力。自 2011 年 1 月瑞士洛桑联邦理工学院（EPFL）发布利用辉钼单分子层材料制造出晶体管，到 2011 年 12 月宣布制造出首款辉钼微芯片，层状辉钼材料在未来电子芯片等下一代纳米电子设备领域的应用受到了高度关注。

一、辉钼的主要成分和性质

辉钼主要成分是二硫化钼（MoS_2），属于典型的层状过渡金属硫族化合物，是最重要的钼矿资源。辉钼矿在自然界中含量丰富，世界著名产地有美国科罗拉多州的克来马克斯和尤拉德-亨德森，澳大利亚新南威尔士州，加拿大魁北克、安大略省，挪威，瑞典，英国，墨西哥，中国的辽宁省、河南省、山西省、陕西省等。辉钼矿常用于冶炼合金、润滑剂等领域，在电子学领域尚未得到广泛研究。

辉钼矿呈铅灰色，强金属光泽，具完全的底面解理。辉钼层状晶体结构由层内强的 S—Mo—S 共价键与层间弱的范德华力构成，层与层之间容易滑移，单层厚度为 0.65nm。研究表明，辉钼单分子层材料具有良好的半导体特性，导电性随着温度的增高而加大，且耐高温（Radisavljevic et al.，2011a）。

二、辉钼半导体材料研究进展

辉钼半导体材料的性能研究及其在晶体管、未来芯片等电子器件中应用研究的主要机构有瑞士洛桑联邦理工学院、美国哥伦比亚大学、美国加利福尼亚大学河滨分校、新加坡南洋理工大学等（表 2-4），研究进展主要表现在单层辉钼制备方法及其在晶体管中的应用方面。

表 2-4　辉钼半导体材料主要研发机构及其进展

机构	领军人物	取得的进展
瑞士洛桑联邦理工学院	Andras Kis	胶带微机械剥离方法制备单层辉钼，制造出单层辉钼晶体管、辉钼芯片原型或集成电路、超灵敏光检测器（Lopez-Sanchez et al., 2013）
美国哥伦比亚大学	Tony F. Heinz	单层辉钼属于直接带隙半导体、单层辉钼材料性能（Columbia University, 2013）
美国加利福尼亚大学河滨分校	Ludwig Bartels	单层辉钼薄膜生长（UCR, 2013）
新加坡南洋理工大学	Hua Zhang	嵌锂工艺制备单层辉钼薄膜，制造出单层辉钼光电晶体管（NTU, 2013）

瑞士洛桑联邦理工学院纳米电子学和结构实验室 Andras Kis 教授领导的研究团队，在辉钼材料及其晶体管、半导体芯片研究方面取得了重要进展。该研究团队采用胶带微机械剥离方法（Novoselov et al., 2005），粉碎折叠胶带之间的辉钼矿晶体，层层剥离，直到剩下的所有都是单原子厚的薄片，然后把这些钼片沉积在硅基质上，再增加一层二氧化硅（SiO_2）绝缘材料，并使用标准光刻添加源极电极、漏极电极和一个电子门，这样就制成了一个晶体管，见图 2-4（Radisavljevic et al., 2011b）。

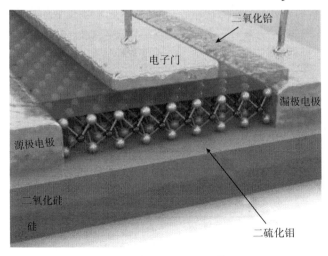

图 2-4　单层辉钼数字晶体管

2011 年 12 月，Andras Kis 研究团队制成了首个辉钼芯片原型或集成电路（图 2-5）。研究人员通过将 2～6 个晶体管进行串联，制成了原型芯片，该原型芯片已经能够进行基本的二进制逻辑运算（Radisavljevic et al.，2011b；Bertolazzi et al.，2011）。该芯片在实验中表现良好，证实了其在半导体芯片制造领域内的突出性能，向商用辉钼芯片又迈进了一步。可见，采用辉钼材料可进一步缩小晶体管尺寸，进一步微型化，辉钼晶体管效率将更高，开启和关闭可以更迅速，还可以放大电子信号，输出信号比输入信号强 4 倍。

图 2-5　辉钼晶体芯片

Andras Kis 研究团队还通过透射电子显微镜（TEM）、原子力显微镜（AFM）对单层和多层辉钼薄膜进行研究，发现单层辉钼展现出远程结晶秩序，表明二维辉钼材料具有稳定性。辉钼薄膜的波浪纹（ripples）形貌，说明由于剥离导致其流动性降低。这些研究促进了人们对辉钼材料稳定性、结构、形貌、电子和机械性能等的认识（Brivio et al.，2011）。

瑞士洛桑联邦理工学院纳米电子学与结构实验室 Andras Kis 融合石墨烯和辉钼矿两种材料在电性能上的优点，创造出了一种新的闪存原型（图 2-6），在性能、尺寸、柔性和能耗上均有出色表现。

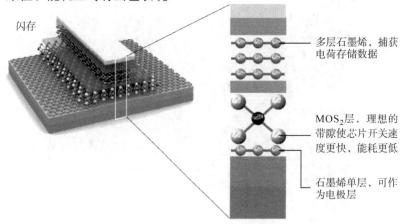

图 2-6　融合石墨烯与辉钼矿优点的创新闪存原型（Phy.Org，2013）

除了电性能优越之外，辉钼矿和石墨烯都具有相似的单原子层二维化学结构，使它们在小型化和柔性化方面具有巨大潜力。石墨烯是一种很好的导体，辉钼矿由于具有天然的能带宽度而在半导体特性上拥有优势。此次开发的晶体管原型采用了场效应结构，有点类似三明治：中间是 MoS_2 层，下方是石墨烯电极层，上方也同样由若干层石墨烯构建而成，用于捕获电荷并存储数据。

美国哥伦比亚大学 Tony F. Heinz 研究团队研究了单层和多层辉钼的异常晶格振动（Lee et al.，2010）、辉钼材料的性能（Mak et al.，2013；van der Zande et al.，2013）等，发现单层辉钼属于直接带隙半导体，单层辉钼比块状辉钼发光能力强（Mak et al.，2010）。美国加利福尼亚大学河滨分校 Ludwig Bartels 领导的研究团队对单层辉钼薄膜生长进行了研究，发现可通过电子束蒸发技术在铜衬底上沉积辉钼薄膜，薄膜的厚度在 10nm 左右（Kim et al.，2011）。

新加坡南洋理工大学 Hua Zhang 领导的研究团队，利用单层辉钼材料制备出光电晶体管（Yin et al.，2012），并对其电学性能进行了表征研究。研究人员采用了胶带微机械剥离法在 Si/SiO₂ 衬底上沉积了单层 MoS_2 材料。测量结果显示这层 MoS_2 厚度为 0.8nm。研究人员使用该材料制造了一个 MoS_2 场效应管，其他部件还包括两个钛/金电极，以及 300nm 的 Si 上 SiO_2 作为源极、漏极和背栅材料。该研究遇到的一大问题是如何最小化 MoS_2 沟道中的电荷散射效应（charge scattering effect），研究者相信该问题可以通过在沟道顶部覆以高 k 栅介质材料来解决。该研究团队还研究了单层和多层辉钼薄片的光学识别性能（Li et al.，2012a），利用电化学嵌锂工艺制备出单层和多层辉钼薄膜（Zeng et al.，2011a），所制备薄膜可用于室温下一氧化氮（NO）敏感的辉钼薄膜基场效应晶体管（Li et al.，2012b）。

韩国大田科技园基础研究部化学分部教授 Choi Hee-cheol 研究团队利用金催化剂合成并分离出单原子层厚度的辉钼。该方法能合成大面积的任意形状的辉钼，用于制备半导体装置。实验的机理是，首先将含钼的化合物注入金表面，与金混合形成表面合金，合金与 H_2S 反应形成 MoS_2。该方法被认为比简单的沉积更好。研究人员认为，MoS_2 有望用于半导体工业中弯曲与透明的电子器件的制造。此外，它是一种分层半导体材料，与石墨烯的结构类似，有望用于太阳能电池、低功耗晶体管、柔性显示器和透明电子器件等（Song et al.，2014）。

三、与晶体硅和石墨烯比较分析

与晶体硅材料相比，辉钼具有两个主要优点：①辉钼的一个优点是它有助于进一步减小晶体管的尺寸，进而制造出体积更小、性能更好的电子设备。辉钼单分子层是二维的，而硅是一种三维材料，目前硅薄膜还不能做得像辉钼薄膜那么薄。制作硅芯片的极限厚度是 2nm，如果厚度再缩小，其表面就容易在环境中发生氧化，影响硅芯片的电气性能。而由辉钼材料制成的芯片即便在 3 个原子的厚度上也能正常工作，并且在这一尺度上的材料传导性依然稳定可控。②辉钼的另一个优点是其在带隙上的优势，由辉钼制成的芯片开关速度更快、能耗更低。实验表明，用单层辉钼制造的晶体管在稳定状态下的能耗为传统硅晶体管的十万分之一。

石墨烯最初被视为一种可以取代硅用于数字逻辑电路芯片的新兴材料，但石墨烯并非自然状态的半导体材料，它必须经过特殊工艺处理来实现这一目标。与石墨烯相比，辉钼具有天然带隙，利于电子跃迁以控制通断，用氧化铪（HfO_2）介质栅门还能大幅提高其电子流动性，属于真正的半导体材料，并且可以制成原子级厚度的集成电路；而石墨烯没有带隙，人为掺杂带隙非常困难，且会降低电子流动性，或者需要高电压。瑞士洛桑联邦理工学院的研究人员实现了这一突破，他们发现可以利用氧化铪将一个非常小的金电极连接到 Si 衬底的辉钼材料上，这样形成的集成逻辑电路的厚度（0.65nm）比 Si 集成电路更小，而且比同等尺寸的石墨烯电路更便宜。

四、辉钼材料未来发展前景

辉钼是良好的下一代半导体材料，有望超越硅的物理极限，成为一种可替代硅的理想材料。辉钼在微型化、低电耗、机械柔性等方面还具有良好的表现。目前研究主要集中在层状辉钼制备方法及其在晶体管中的应用方面。目前的微机械剥离方法、嵌锂工艺都不能规模制备层状辉钼，要向产业发展还需要进一步研究制备工艺和辉钼的属性，同时，辉钼在晶体管、未来芯片中的应用研究还需要进一步加强。有专家称，现在说辉钼可完全替代硅材料还为时过早。

辉钼材料未来在制造超小型晶体管、发光二极管、未来芯片、高效柔性太阳能电池、纳米电子产品、高性能数字微处理器、柔性计算机或手机等方面具有很广阔的前景，将对能源、军事等领域的发展产生极大的推进作用。

第三节　高密度磁记录材料发展趋势

计算机应用的普及，将人们带入了数字化时代；互联网的出现，使人们进入了信息爆炸时代，而由智能手机推动的移动互联网的发展，更加快了数字信息急剧膨胀的速度。在信息爆棚的今天，无论个人还是企业，无论在本地还是在"云"

端，都需要更大的存储空间来记录保存数字信息。高密度、大容量、高速度、低成本、微型化的存储设备成为了发展的方向。磁记录具有使用方便、成本低廉、性能可靠、可长久保存等优点，已经成为信息记录的重要媒介之一，超高密度的磁记录介质和技术也因此成为了研究的热点。

1956 年，IBM 公司生产出世界上第一代硬盘，代表着磁盘技术的开始。第一代硬盘有的总容量仅为 5MB，面记录密度约为 2Kbit/in^2。2006 年，日立公司用垂直磁记录技术实现了高达 345Gbit/in^2 的记录密度。但是，随着互联网和计算机技术的发展，以数字化形式出现的知识和信息不断膨胀，较早一代的水平磁记录方式已经在 21 世纪初的几年内走到了尽头。目前，希捷公司已经采用热辅助磁记录技术（heat assisted magnetic recording，HAMR）将硬盘的记录密度提高到了 1Tbit/in^2（驱动之间，2012）。除 HAMR 技术之外，主流的高密度磁记录技术还包括垂直磁记录（perpendicular magnetic recording，PMR）、倾斜磁记录（tilted magnetic recording，TMR）、图案介质磁记录（patterned recording，PM）等。

一、垂直磁记录

较早时期，磁记录主要采取水平记录模式，介质的磁化方向位于磁盘面内，且沿着磁道。然而由于水平磁记录模式中介质晶粒尺寸较大，可以实现的磁记录密度早已达到极限，在 21 世纪初便被记录密度更高的垂直磁记录技术取代。垂直磁记录模式中，介质的磁化方向与磁盘平面垂直。图 2-7 展示了水平磁记录模式和垂直磁记录模式的主要区别（Flylib.com，2013）。

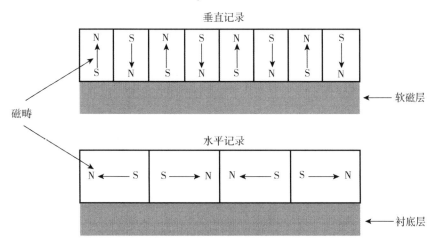

图 2-7　垂直磁记录层与水平磁记录层磁畴分布比较

　　1977 年，日本东北大学岩崎俊一教授首次提出了垂直磁记录的概念。2004年，东芝公司成功地研制出了世界上第一个垂直磁记录硬盘。2005 年，希捷公司首次将计算机垂直磁记录硬盘商业化。2008 年，垂直磁记录取代水平磁记录，占据了硬盘市场的全部份额。目前，垂直磁记录提升了 4 倍的硬盘性能，扩大了 12倍的硬盘容量，存储密度已经提升到 625Gbit/in^2（李彦波，2010）。

　　无论水平磁记录还是垂直磁记录，乃至更具发展潜力的热辅助磁记录等，都离不开磁性记录介质材料。而在众多磁性材料中，可用于超高密度磁记录的材料必须满足以下要求：高矫顽力，硬磁材料的矫顽力取决于磁各向异性场，因此需要介质材料具有高磁各向异性；具有小尺寸磁性颗粒，分布均匀且颗粒间不存在或仅存在弱磁相互作用；高剩磁强度，以获取足够的读取信号以及减小厚度间隙损耗；近似矩形的磁滞回线；光滑的表面，足够的机械耐磨性（微型计算机，2012）。表 2-5列出了一些可应用于超高密度磁记录的介质材料及其物理参数（李彦波，2010）。

表 2-5　有潜力应用于超高密度磁记录的介质材料

材料	磁各向异性能 $Ku/$（10^6J/m^3）	饱和磁化强度 $Ms/$（10^3A/m）	各向异性场 Hk/kOe[1]	居里温度 T_c/K	单畴粒子尺寸 D_c/μm	最小稳定尺寸 D_p/nm
BaFe$_{12}$O$_{19}$	0.33	380	～17	730	0.7	8.8
SrFe$_{12}$O$_{19}$	0.35	410	～17	—	0.6	8.6
CoPtCr	0.20	298	13.7	—	0.89	10.4
Co	0.45	1400	6.4	1404	0.06	8.0
Co$_3$Pt	2.0	1100	36	—	0.21	4.8
FePd	1.8	1100	33	760	0.20	5.0
FePt	6.6～10	1140	116	750	0.34	3.3～2.8
CoPt	4.9	800	123	840	0.61	3.6
MnAl	1.7	560	69	650	0.71	5.1
Nd$_2$Fe$_{14}$B	4.6	1270	73	585	0.23	3.7
SmCo$_5$	11～20	910	240～400	1000	0.71～0.96	2.7～2.2

注：1）kOe 为非法定单位，表示磁场强度，1kOe=79 577.5 A/m

1. 钴合金薄膜

　　钴（Co）是磁记录中最常采用的磁性金属，拥有很高的饱和磁化强度和居里温度。但 Co 薄膜的易磁化轴由于退磁场的影响，无法与膜方向垂直，因此必须添加其他元素实现垂直易磁化，如钐（Sm）、铬（Cr）、铂等。为增强薄膜磁各向异性能和矫顽力，还会掺入钽（Ta）、银（Ag）、锰（Mn）等。为得到超高密度磁记录介质，增强合金介质膜的热稳定性，常通过共溅射或多层膜的方法，通过掺杂其他非磁性物质，如 Cr、硼（B）、氧化镁（MgO）、二氧化钛（TiO$_2$）、SiO$_2$等，在 Co 合金磁晶粒间形成壁垒，降低晶粒间的交换耦合作用（成洪甫等，2010）。

1）CoCrPt 合金薄膜

在 Co 系合金膜中，CoCrPt 合金薄膜由于垂直磁各向异性和垂直方向矫顽力适中，具有较小的晶粒尺寸且分布均匀，成为了垂直磁记录介质的主要材料，并已经大量用于商业生产。CoCrPt 合金的制备通常采用磁控溅射的方法，其中一种是单靶直溅射方法，另一种是多靶共溅射方法（高铁仁，2006）。

CoCrPt 薄膜是研究最早，技术最成熟的垂直磁记录介质。有关 CoCrPt 薄膜的研究集中在：优化 CoCrPt 薄膜的掺杂和中间层，更好地控制易磁化轴取向和制备理想的颗粒膜，以提高介质的磁性能和热稳定性；优化 CoCrPt 薄膜成分；进一步降低晶粒尺寸等。不过，CoCrPt 薄膜由于物理特性的限制，存在存储极限问题（成洪甫等，2010）。

2）L1$_0$ 相 CoPt 合金

随着磁记录密度的不断提高，磁性颗粒的尺寸也随之减小，而小尺寸下超顺磁效应使得磁介质的热稳定性成为一个突出问题，从而必须采用高磁各向异性能的介质材料。其中，L1$_0$ 结构 CoPt 合金是一种有序的正方相，这种结构中，Co 原子和 Pt 原子沿 c 轴交替排列，使其具有远高于 CoCrPt 的磁各向异性能（表 2-5），可以有效提高比特位的热稳定性，降低介质噪声，大幅度提高磁记录密度，因而在超高记录密度磁记录介质方面有很大的应用潜力。

不过，经过磁控溅射方法得到的等原子比 CoPt 薄膜呈现出的是无序的面心立方结构，必须经过退火才能够形成有序的 L1$_0$ 结构。但是高温退火在一定程度上阻碍了 CoPt 薄膜的商业化应用，并且退火会导致 CoPt 粒子进一步长大，使晶粒间交换耦合作用加大，从而使读出噪声增加。因此，CoPt 薄膜的研究工作主要在于通过掺杂添加其他元素和材料，如 Ag、Cu、SiO$_2$ 等，降低退火处理温度，抑制 CoPt 晶粒的生长，减弱晶粒间交换耦合作用（吕宝华和李玉珍，2010）。

3）SmCo$_5$ 合金

SmCo$_5$ 合金是第一代永磁体材料，是目前发现具有最高单轴磁各向异性的材料，如表 2-5 所示，其磁各向异性能最高可达 $2.0 \times 10^7 J/cm^3$，并且其最小稳定的磁性颗粒尺寸只有 2.2nm，采用热辅助磁记录技术或图案化介质技术，SmCo$_5$ 薄膜有望实现 50～100Tbit/in^2 的超高记录面密度，因此，高垂直磁各向异性的 SmCo$_5$ 薄膜是未来超高密度磁记录介质的有力候选材料之一，相关研究已经引起科学家越来越多的关注。

迄今为止，已有多种方法被用于制备高垂直磁记录各向异性的 $SmCo_5$ 薄膜，包括如磁控溅射、脉冲激光沉积、分子束外延等。我国进行 $SmCo_5$ 垂直磁记录薄膜研究工作的机构包括华中科技大学、北京大学等少数几家。

在 $SmCo_5$ 合金薄膜的研究方面，薄膜结构与磁性能、底层材料与结构、基片加热温度、薄膜厚度、Cu 掺杂量等关系得到了较为系统的研究，并取得较大进展。但是，$SmCo_5$ 合金薄膜的制备需要在高真空环境下完成，并且薄膜化学稳定性欠佳，晶粒与磁畴尺寸偏大，并且高磁各向异性能导致的高矫顽力需要采用热辅助磁记录技术来写入信息，从而诱发薄膜磁性能的衰减，都是目前需要解决的问题。因此，研制高效的保护层以提高 $SmCo_5$ 薄膜的耐腐蚀性、采用合适的掺杂技术引入有效的掺杂元素来减小 $SmCo_5$ 垂直磁记录薄膜的晶粒和磁畴尺寸、改善 $SmCo_5$ 薄膜的磁温度特性以降低其居里温度并保持适当高的垂直磁各向异性、借助电子束光刻与纳米刻印技术制备 $SmCo_5$ 图案化介质，是其今后可能的发展方向和研究课题（程伟明等，2012）。

2. $L1_0$ 相 FePt 薄膜

由表 2-5 看出，在众多磁介质候选材料中，FePt 合金具有较高的磁晶各向异性能，它允许的最小晶粒尺寸为 3nm 左右，约为 Co 基合金的 1/3（李彦波，2010）。此外，FePt 合金具有很好的热稳定性和化学稳定性，适合成为超高密度磁记录介质材料。目前，在磁记录应用研究上，FePt 已逐渐取代 Co 合金薄膜，成为目前应用最广泛的垂直磁记录介质薄膜材料（成洪甫等，2010）。

不过，与 CoPt 合金相同，室温溅射得到的 FePt 合金薄膜也为无序面心立方结构，必须经过退火才能形成有序 $L1_0$ 四方结构，以实现薄膜垂直磁化。其导致的问题也与 CoPt 合金类似，如晶粒增大、交换耦合作用增强、不易实现工业化等。因此，关于 FePt 薄膜的研究也集中在：通过衬底层（如 Ag，CrRu，AuCu，PtMn，Bi，FeTaC，Cu_3Si 等）和掺杂（如 Au，Ag，Cu，CuAu，Zr，Ni，C 等），以及多层膜结构来降低退火温度；添加氧化物非磁性材料和快速热处理等方法降低晶粒尺寸和晶间交换耦合作用；通过使用不同基片和衬底层外延生长 FePt 薄膜、交替建设制备 Fe/Pt 多层膜、制备 FePtX（X=B_2O_3，C，SiO_2，Ag，MgO 等）纳米复合膜及外磁场退火等方法获得良好晶相和垂直各向异性等（李彦波，2010）。

使用 FePt 合金薄膜的另一问题在于，高磁各向异性对写磁头的写入场提出要求，垂直磁记录模式下的商用磁头最大写入场远低于一般 FePt 薄膜的翻转场，因此必须设法降低 FePt 薄膜的翻转场（吴晓薇等，2008）。由此出现了热辅助磁记录、倾斜磁记录等方式。

二、热辅助磁记录

尽管垂直磁记录技术的正式商业应用从 2005 年才开始，但人们对磁存储空间需求的快速增长，已经导致这一技术无法进一步满足需求。目前业内普遍认为，垂直磁记录技术离 $1Tbit/in^2$ 的极限记录密度只剩下 2～3 代的发展空间，很难再有更大的突破（微型计算机，2012）。

如前所述，为了保存信息，磁性材料必须拥有较高的磁各向异性，但同时会带来较高的矫顽力，从而对磁头的写入场具有很高的要求。这就使垂直磁记录技术面临磁头写入方面的障碍。

2001 年，希捷公司开始热辅助磁记录（HAMR）技术开发计划，旨在克服超顺磁效应造成的限制，增加存储密度。参加成员包括 NIST、美国国家存储工业协会、卡内基梅隆大学、亚利桑那大学、MEMS 光学公司、Advanced Research 公司等（NIST，2012b）。日本的日立公司、富士通公司也随后开发了类似技术。

HAMR 技术是由磁光记录发展而来的一种复合记录方法，理论上既适用于垂直记录模式，也适用于水平记录模式。该技术的基本原理是：采用室温下具有较高矫顽力，并具有合适居里温度（约 500K）的磁性材料作为磁记录介质，当写入信息时，将用于加热的激光和用于磁矩定向的磁头同时作用于磁记录介质上，磁性材料被加热至居里温度附近时，矫顽力迅速下降，从而可使用较低的写入场写入信息，信息写入之后，介质被冷却到室温，高的各向异性可以保持记录信息的热稳定性。而在激光没有照射的区域，记录介质因较高矫顽力而不会受写入场的干扰。HAMR 技术既能够克服高矫顽力介质上的写入困难，又改善了信息位的热稳定性，因此，可以运用该技术显著提高硬盘的磁存储密度。2012 年，全球最大硬盘厂商希捷公司开发出了基于 HAMR 技术的硬盘，首次将单张磁片的存储密度提高到了 $1Tbit/in^2$，并预在将来最终实现 $10Tbit/in^2$ 的存储密度（PCMAG，2012）。

HAMR 技术目前面临的关键问题主要在磁介质和磁头技术两大方面。在磁介质上，需要选取、制备更符合条件的磁性薄膜，如 $L1_0$ 相 FePt、$L1_0$ 相 CoPt、$SmCo_5$ 都是较好的介质候选材料。与此同时，要优化薄膜的热学性能，防止反复读写加热导致的老化。比较典型的热辅助记录介质为 FePt/FeRh 双层结构薄膜，当这种薄膜被加热到特定温度后，一方面 FePt 的磁晶各向异性场降低，另一方面 FeRh 从室温下的反铁磁性变到铁磁性，薄膜整体上形成了弹性磁体结构，这两种机制共同作用可以使反转场大大降低（魏福林等，2008）。在磁头方面，需要实现激光的高精准聚焦，集成了光传送和聚焦的磁头必须在头盘间隙<10nm 的高度下高速飞行，对磁头的要求极高。相比垂直磁记录技术，热辅助磁记录的成本仍然偏高。但是，热辅助磁记录及图案介质记录技术，仍然是当前公认的最有前途的两种超高磁记录技术（陈进才等，2010）。

三、倾斜磁记录

为了克服高矫顽力导致的磁晶磁矩方向难以反转的问题，研究人员提出了除热辅助磁记录以外的倾斜磁记录方式（TMR），即磁记录薄膜的易磁化方向与膜面成一定夹角（45°左右最佳）（成洪甫等，2010）。这就使得介质的磁化反转更容易，同时介质的热稳定性不受影响。分析表明，在给定磁记录密度下，倾斜磁记录介质材料相比垂直磁记录介质材料，信噪比有约 12.6dB 的增益，并且由于磁化反转难度降低，倾斜磁记录的开关速度比垂直磁记录快得多，这就意味着更高的数据传输速率（李彦波，2010）。

实现介质磁矩与膜面出现倾斜夹角的方法有两种：一种是静态倾斜介质，即磁晶易磁化轴实现完全意义上的倾斜，但这种方法在实际制备上存在很大难度；另一种方法是所谓动态倾斜介质，这种介质采用纳米复合结构，由软磁硬磁两部分耦合在一起组成。在记录状态中，磁性记录层中磁性晶粒的磁矩和传统垂直记录介质相同，垂直于膜面，但写入，即磁化方向反转过程中，硬磁部分磁矩被软磁部分"拉到"与外磁场呈一定角度，从而使磁化反转场得以降低。该技术的概念最早由 Victora 和 Shen 于 2004 年提出，后被命名为交换耦合复合介质（exchange coupled composite media，ECC）（魏福林等，2008）。

Wang 的研究小组最先在 Co/Pd 多层膜和 FeSiO 体系上实现了 ECC。此后，Wang 等又报道了在 Co/PdSiO 多层膜和 FeSiO 体系上 ECC 特性的改进。在他们的研究成果中，硬磁层的矫顽力为 8kOe，晶粒尺寸为 8nm，饱和磁化强度为 $2.8 \times 10^5 A/m$。在外延生长了 0.75nm 的 PdSi 中间层和 6.5nm 的 FeSiO 后，矫顽力降到了 4.2kOe，同时热稳定性基本没有变化（魏福林等，2008）。

虽然从理论讲上，倾斜磁记录既可以保持垂直磁记录的高记录密度及信息存储的稳定性，又可以解决垂直磁记录磁晶磁场翻转困难的问题，但是，倾斜磁记录的读写磁头难以制造，更难以实现工业化生产，所以倾斜磁记录研究进展比较缓慢。不过，相比热辅助磁记录和图案介质磁记录，倾斜磁记录的技术难度较低，具有独特的应用前景（成洪甫等，2010）。

四、图案介质磁记录

垂直磁记录和热辅助磁记录乃至倾斜磁记录技术的共同点在于，每个信息记录单元即磁单元都是由大量均匀分布的晶粒组成。这种结构的缺点十分明显：一方面无法消除晶粒间的磁耦合互作用，也就无法消除磁单元相互影响产生的噪声；另一方面是磁性颗粒的超顺磁效应的存在，使存储密度具有极限。图案介质磁记录技术则不同于以上技术，它的基本方式是在基板上制备二维有序排列的纳米磁颗粒，纳米磁颗粒被非磁母体隔离开，成为岛状单畴磁颗粒阵列，每一个信息单元对应一个单畴磁颗粒。通过这种方法，一方面消除了晶间交换耦合作用产生的噪声，另一方面又使单畴磁颗粒的体积增大，利于抵抗超顺磁效应，大大提高了介质的热稳定性，同时大大缩小了单个信息单元的面积，进一步提高磁存储密度（李彦波，2010）。

图案化纳米颗粒膜的生长方式有多种，原则上，可用于制备纳米颗粒阵列的方法都可以用于尝试制备图案介质磁记录颗粒膜。不过，图案介质磁记录技术对纳米颗粒膜的要求更高，如需要快速大面积成膜、颗粒细小均匀、缺陷少、磁颗粒易磁化方向基本一致并垂直于膜面等。常用的图案介质磁记录颗粒膜生长方法包括：电子束光刻技术（electron beam lithography，EBL）、纳米压印技术和自组装阵列技术（self-organized magnetic array，SOMA）等。

电子束光刻技术，即使用扫描电子显微镜将设计好的图形，通过控制聚焦电子束扫描出来，这种方法可获得小尺寸且排列极为整齐的纳米磁性颗粒阵列，不过，其缺点在于工作时间过长，无法有效形成大面积阵列，限制了它的工业化应用。目前，有一种趋势是将EBL的高精度和X射线光刻的并行处理能力结合起来，开发了基于扫描隧道显微镜的纳米光刻技术。

纳米压印技术，该技术是利用压印母版对铺在材料表面的阻障层进行压印，取代光刻步骤，可以得到尺寸较小的图形。该方法生产出的盘片不仅能满足盘片性能方面的要求，而且还具备较高的产出量。不过，纳米压印技术的设备昂贵，甚至相比HAMR方案更贵。

自组装磁阵列技术是由希捷公司提出的，该技术是使用单一尺寸的纳米胶体，利用其高度整齐排列的自组装效应制成薄膜，在基板上以六方最密堆积的形式排列成周期结构。不过该技术很难获得大小一致、分布均匀的图案化介质，并且对磁头的要求很高。

除纳米颗粒外，图案化介质的另一种结构材料是纳米线，生长纳米线阵列的常用方法是模板法。这种方法是先生产出具有高孔密度和长径比可控的模板，然后在其微孔内注入磁性金属或复合磁性材料，从而得到高度有序的纳米线阵列（成洪甫等，2010；吴晓薇等，2008）。

图案介质磁记录技术还处在初始研究阶段，这种记录方式与热辅助磁记录方式都是未来极具发展前景的超高密度磁存储技术，理论上，图案介质磁记录与热辅助磁记录、垂直磁记录等方式相结合，可以将硬盘的存储密度提高至 $90Tbit/in^2$。以东芝公司为代表的厂商仍然在开发图案介质技术，但是图案介质磁记录仍然存在很多技术难题，包括大面积均匀图案纳米颗粒膜的制备、磁单元易磁化轴的一致性、读写磁头的精确定位等。这也促成了部分硬盘厂商图案介质技术硬盘的商用市场（CnBeta，2012）。

五、结语

垂直磁记录已经成为了当前商业硬盘应用中的主流技术，其中，$L1_0$ 相 FePt 薄膜垂直记录密度还有一定提升潜力，但距离极限 $1Tbit/in^2$ 已经不远。热辅助磁记录、倾斜磁记录、图案介质磁记录等技术是未来有希望的超高密度存储技术，其中热辅助磁记录和图案介质磁记录技术已经部分实现了商业化应用，其存储密度已经突破 $1Tbit/in^2$，它们与垂直磁记录技术的结合将有望将磁存储密度进一步大幅提升。

在超高密度磁记录研究领域，希捷、日立等国际企业处于领先地位，当前多种先进存储技术以及存储密度记录也几乎都是由这些公司创造。国内相关研究机构较少，研究水平与国际水平还有一定差距，主要表现在缺乏原创性，突破性的研究成果较少。应在创新工艺技术和方法上加大研究力度，或许可以缩小与国际水平的差距，在下一代磁记录技术中确立自己的地位。

不过，随着记录密度的提高，超高密度磁记录也面临着挑战：要实现高密度、高信噪比的磁记录，必须降低介质材料的晶粒尺寸，而介质材料中的晶粒尺寸越小，越难以保持稳定的磁化状态，磁体的极性会呈现出随意性，即所谓"超顺磁效应"，这将导致信息无法顺利保存。为了提高磁记录介质的热稳定性，就需要选择具有高磁晶各向异性能的介质材料，从而导致介质材料的矫顽力升高，如果此时写磁头产生的写磁场不够大，则无法将信息写入介质。要解决高密度磁记录的问题，就必须解决这些问题（李彦波，2010）。

第三章

新型照明与显示材料
发展趋势研究

第一节　新一代固态照明材料发展趋势

固态照明（solid state lighting，SSL）是一种全新的照明技术，利用半导体芯片作为发光材料，直接将电能转换为光能，它与白炽灯的钨丝发光和节能灯的三基色粉发光不同，半导体发光二极管（LED）采用电场发光，光电转换效率比较高，具有节能、环保、寿命长、免维护、易控制等特点，而且产品安装简便、维护成本低，是未来照明领域节能降耗的主力军。

一、无机固态照明材料

1. 衬底材料发展现状与趋势

1）氮化镓（GaN）衬底材料

Kensaku 和 Takuji（2002）等利用横向外延生长（epitaxial lateral over-growth，ELOG）技术，采用 GaAs 作衬底、SiO$_2$ 作掩膜，制备出直径 2 英寸[①]，缺陷密度约为 $2\times10^5\mathrm{cm}^{-3}$ 的 GaN 衬底。

Yshinao 等（2002）采用金属有机化学气相沉积（metal organic chemical vapor deposition，MOCVD）——GaN/Al$_2$O$_3$ 作模板，先在模板上制备出网状 TiN 薄膜，然后在氢化物气相外延（hydride vapour phase epitaxy，HVPE）系统中生长 GaN 厚膜，制备出位错密度 $5\times10^6\mathrm{cm}^{-3}$、厚度 300μm 的 GaN 衬底。这种技术由于采用

[①] 1 英寸=2.54 厘米

多孔网状 TiN 掩模，使得位错集中于微空洞并使 GaN 横向生长，降低了位错密度，也容易剥离。

Xu（2002）采用 HVPE 技术直接生长厚度达 10μm 的 GaN 膜，形成准体单晶。经过切割、研磨抛光形成 GaN 衬底，制备的体单晶位错密度随膜厚增加大幅度减小。

2）碳化硅（SiC）衬底材料

Teles 等（1996）曾利用自洽的紧束缚总能方法研究过重构的 GaN/β-SiC（100）极性界面，他们主要讨论 β-SiC（100）表面的重构类型和 GaN 外延生长的初始阶段。

Stadele 等（1997）采用第一原理赝势方法对立方相 GaN/β-SiC（100）界面做了详细的讨论，他们基于极性界面的电荷补偿条件，提出了几种简单界面原子混合模型，并具体计算了各类混合界面的形成焓，得出具有 Ga—C 和 Si—N 键的界面是最稳定的。电子价带的偏移量主要因为界面化学成分的不同。

而宋友林等（2003）在 GaN/β-SiC（100）（2×1）重构界面模型的基础上，利用散射理论的格林函数方法，计算了 GaN/β-SiC（100）异质结中的理想界面及两种混合界面的电子结构，给出了界面投影带结构及波矢分辨的层态密度。经分析比较得出如下结论：体投影带中异极带隙和禁带中各出现了新的界面态，在 GaN 和 β-SiC 体投影带的共同腹带隙中没有界面态；层态密度中发现，由于界面上形成了与体键不同的新的化学键的结果，所有界面束缚态几乎都局限在界面附近的两层内。

此外，辛永松等（2007）研究由于 2H-GaN 膜与 6H-SiC 衬底之间的晶相不同而形成的界面堆垛缺陷的形成能。通过计算给出最低能量下 GaN 膜的极性和界面结构以及堆垛缺陷的形成能。研究发现在 6H-SiC（0001）上生长的 GaN 膜含有因衬底台阶引起堆垛边界失配，在以后的生长过程中这种边界失配可以通过堆垛位错来消除。

2. GaN基材料发展现状与趋势

GaN 属第三代半导体材料，六角纤锌矿结构。GaN 具有禁带宽度大、热导率高、耐高温、抗辐射、耐酸碱、高强度和高硬度等特性。GaN 基材料主要包括 GaN 及其与 InN、AlN 的合金，其禁带宽度覆盖整个可见光及紫外光光谱范围。由于 GaN 基材料易于集成、适于制造大功率器件（表 3-1），在高亮度蓝、绿、紫和白光二极管，蓝、紫色激光器以及抗辐射、高温大功率微波器件等领域有着广泛的应用潜力和良好的市场前景。因此，GaN 材料成了国内外研究的热点，见表 3-2 和表 3-3。

表 3-1　主要半导体材料优越性比较

	Si	GaAs	β-SiC	GaN	金刚石
Keye 优值/［W·C°/(cm·s)］	1 380	630	9 030	11 800	44 400
Johnson 优值/(10²³W·Ω/s²)	9.0	62.5	2 533	15 670	73 856
Baliga 优值/（相对硅而言）	1	15.7	4.4	24.6	101

注：Keye 优值表明材料适合制造集成电路的程度；Johnson 优值表明材料适合制造高效功率器件的程度；Baliga 优值指适合制造功率开关的指标。优值越大，表明材料越适合制造相应器件

表 3-2　国外固态照明材料研究进展

机构（企业）	所属国家	研究进展	技术性能
飞利浦流明公司	美国	暖白和中性白光 LUXEON K2 发光器	具有 3000K 和 4100K 典型相对色温和显色性分别达到 80 和 75，相对色温范围在 2670～10 000K
科锐公司	美国	SiC、GaN 材料的生产以及 LED 芯片封装技术	Cree 460nm LED 外部量子效率 47%，白色发光效率 80lm/W
通用照明公司	美国	Tetra 系列 LED 标识照明系统	额定寿命达 50 000 小时，是标准 T12 HO（高输出）荧光系统的 4 倍，在每天 12 小时运行的情况下，可维持 11 年的稳定输出
		Vio 高功率白光 LED	该芯片在 50 000 小时的额定寿命后，产生的色移不足 100K，克服了许多标准蓝光与三基色 LED 的内在颜色控制问题
日亚化工	日本	DUV LED 器件	由 26 个 DUV LED 组成的发光系统在驱动电流为 1.85A 时的输出功率是 223mW，发光波长为 281nm
东京农业大学应用化学学院	日本	GaN 衬底	采用多孔网状 TiN 掩模，使得位错集中于微空洞并使 GaN 横向生长，降低了位错密度，也容易剥离
首尔半导体	韩国	"Acriche" LED 系列	该系列无需使用 AC-DC 转换器即可点亮
		无极性 GaN 结晶的高效率 LED	
普瑞光电	美国	GaN LED 芯片	在硅基衬底上开发出 8 英寸 GaN LED 芯片，其性能指标为 614mW，<3.1V，350mA，芯片面积为 1.1mm²（Bridgelux，2012）
科技研究局	新加坡	硅基 GaN	用于高压功率器件的 200mm 硅基氮化镓（GaN-on-Si）工艺与技术（Agency for Science, Technology and Research，2012）

表 3-3　国内固态照明材料研究进展

机构（企业）	研究进展	技术性能	产业化规模
江西联创光电科技股份有限公司	1mm×1mm 高亮度 LED 芯片、大功率 LED 器件产品的研究开发		已经形成了 LED 外延、芯片、器件、背光源及半导体照明光源等较完整的产业链和规模化生产
三安光电股份有限公司	全色系超高亮度 LED 外延及芯片		现拥有 1000～10 000 级的现代化洁净厂房，数百台国内外最先进的 LED 外延生长和芯片制造设备，其中数十台 MOCVD 为目前国际最为先进的外延生长设备
清华同方股份有限公司	LED 芯片 液晶电视 LED 背光源		将形成年产 192 万片高亮度蓝绿光 LED 外延片、200 万片 LED 背光模组、200 万台 LED 液晶电视、100 万台 LCD 液晶电视和 50 万台蓝光 DVD、1600 万套 LED 灯具和 960 万套线材与电源板加工的产能
杭州士兰微电子股份有限公司	LED 芯片		2010 年，公司建成了功率模块封装线。2011 年 3 月，公司芯片的月产量达到 12.8 万片，预计在年底将达到 18 万片
中国科学院半导体所	LED 材料及芯片技术		与北京朗波尔光电股份有限公司成立联合实验室，合作打造半导体照明应用技术
中国科学院苏州纳米技术与纳米仿生所	蓝光 LED	亮度高、寿命长，波长 455～460nm（背光源用），发光功率超过 22mW	目前已开始批量生产
中国科学院长春应用化学研究所	高效率叠层型 OLED	该 OLED 只需要单发光层就能实现高效率	
中国科学院物理研究所	LED 衬底外延与芯片生产		与以晴集团合作建设 "中国科学院物理所 LED 半导体生产试验基地"。集团计划 5 年内投入 50 亿，建 100 条生产线
中国科学院苏州纳米技术与纳米仿生研究所	高亮 GaN 外延片芯片 蓝光激光器		已与海外技术团队联合创办了一家从事 GaN 基蓝光、绿光超高亮度 LED 及激光器（LD）的研发与生产

3. 大功率 LED 照明核心技术与优势

　　LED 一般上来说是由外延片—芯片—光源—灯具的四个环节组成，在 LED 产业中下游应用上关键点是在怎样解决热阻和结温等关键问题的前提条件下，保持芯片稳定的有效光输出。一直以来，LED 光源的一般照明应用中存在着光源的高导热金属材质问题、应用的热平衡问题、长效荧光粉问题和配光问题等四个核心技术瓶颈（LED 技术网，2009）。

　　1）高导热金属材质

　　目前上游龙企业，如 Cree 公司已经可以做到的芯片光效达到 130～150lm/W。

但是 LED 结温高低直接影响到 LED 出光效率、器件寿命、可靠性、发射波长等。保持 LED 结温在允许的范围内，是大功率 LED 芯片制备、器件封装和器件应用等每个环节都必须重点研究的关键因素，尤其是 LED 器件封装和器件应用设计必须着重解决的核心问题。

现在主流的应用技术材质是用铝基板来封装，但是铝基板封装的芯片散热和光转换效率都存在技术核心瓶颈，不能有效地控制结温和稳定地维持高功率的光输出，并且因为芯片光效越高，所需的铝基板面积就越大，会加大成本和应用体积，极为不便。所以如何走出此误区另辟新路是新的技术核心特点。

2）热平衡技术

LED 器件采用专利热平衡散热结构关键技术，在保持低成本和被动散热方式的前提下，利用高导热介质，通过崭新的器件/灯具整体结构，成功降低热阻，有效降低 PN 结结温，使 PN 结工作在允许工作温度内，保持最大量光子输出。其特点包括：①超低热阻材料，快速散热整体结构技术；②高导热、抗 UV 封装技术；③应用低环境应力结构技术；④整体热阻<20K/W，结温<80℃；⑤LED 光源照明模组工作温度控制在 65℃以下。

3）高效荧光粉的应用

目前市场上所常用的白光 LED 发光荧光粉应用技术是将 GaN 芯片和钇铝石榴石（YAG）封装在一起，该技术是日本日亚化工在 20 世纪 90 年代末发明的，并形成了专利技术垄断。GaN 芯片发蓝光，高温烧结制成的含 Ce^{3+} 的 YAG 荧光粉，受此蓝光激发后发出黄色光发射，峰值 550nm。蓝光 LED 基片安装在碗形反射腔中，覆盖以混有 YAG 的树脂薄层，厚 200～500nm。LED 基片发出的蓝光一部分被荧光粉吸收，另一部分与荧光粉发出的黄光混合，可以得到白光。理论上对于 In-GaN/YAG 白色 LED，通过改变 YAG 荧光粉的化学组成和调节荧光粉层的厚度，可以获得色温 3500～10 000K 的各色白光。但是这种传统的白光 LED 工艺基础上采用的还是蓝光 LED，所以当色温偏高时，色彩会向蓝色偏移，而产生色飘，形成一定的光污染。必须采用在降低光效、降低整体热阻的情况下，方可实现相对的稳定，但衰减情况还是不容乐观。

目前已商品化的第一种产品为蓝光单晶片加上 YAG 黄色荧光粉，其最好的发光效率约为 35lm/W，YAG 多在日本日亚化工进口，价格在每公斤 2000 元；第二种是日本住友电工开发出的以硒化锌（ZnSe）为材料的白光 LED，不过发光效率较差。

4）LED 一次配光学的应用

目前全球 LED 行业内的主流做法是在封装 LED 芯片形成光源或光源模组以后，在做成灯具的时候再进行配光，这样采用的是原有传统光源的做法，因为传统光源是 360°发光。如果要把光导到应用端，目前飞利浦的传统灯具做到最好的一款，光损失也达到 40%。而我们国内众多的 LED 下游厂家应用的灯具光学参数其实都是芯片或者光源的光学参数，而不是整体灯具的光学指标参数。

现在最先进的科学方法是在芯片封装上做配光，一次把芯片的光导出来，维持最大的光输出，这样光损率只有 5%～10%。随着技术的不断改进，光损率将会越来越低，光源的光效会越来越高。同样配有这样的光源灯具无需再做配光，相对的灯具效率将会大大提高，使之更为广泛地使用到功能性照明之中，形成相当规模的市场渠道。

二、有机固态照明材料

有机电致发光的研究工作始于 20 世纪 60 年代，但直到 1987 年柯达公司的邓青云等采用多层膜结构，才首次得到了高量子效率、高发光效率、高亮度和低驱动电压的有机发光二极管（OLED）（Tang and VanSlyke，1987）。这一突破性进展使 OLED 成为发光器件研究的热点。与传统的发光和显示技术相比较，OLED 具有驱动电压低、体积小、重量轻、材料种类丰富等优点，而且容易实现大面积制备、湿法制备以及柔性器件的制备。

近年来，OLED 技术飞速发展。2001 年，索尼公司研制成功 13 英寸全彩 OLED 显示器，证明了 OLED 可以用于大型平板显示；2002 年，日本三洋公司与美国柯达公司联合推出了采用有源驱动 OLED 显示的数码相机，标志着 OLED 的产业化又迈出了坚实的一步；2007 年，日本索尼公司推出了 11 英寸的 OLED 彩色电视机，率先实现 OLED 在中大尺寸，特别是在电视领域的应用突破。

除了在显示领域的应用，白光 OLED 作为一种新型的固态光源也得到了广泛关注。2006 年，柯尼卡美能达技术中心开发成功了 $1000cd/m^2$ 初始亮度下发光效率 64lm/W、亮度半衰期约 1 万小时的 OLED 白色发光器件，展示了 OLED 在大面积平板照明领域的前景。目前，白光 OLED 最高效率的报道来自德国 Leo 教授的研究组，他们采用红绿蓝三种磷光染料，并采用高折射率的玻璃基板提高光取出效率，得到了 $1000cd/m^2$ 下效率 124lm/W 的白光器件，效率超过了荧光灯。

叠层式 OLED 的概念是由 Kido 教授于 2003 年首先提出的，将多个 OLED 通过透明的连接层串联在一起，可以在小电流下实现高亮度，器件的寿命也大幅度提高（Matsumoto et al.，2003）。2004 年，廖良生等（Liao et al.，2004）利用 n 型和 p 型掺杂的 Alq_3:Li/NBP:$FeCl_3$ 结构作为连接层，在堆叠的周期数目为 3 时实现了 130cd/A 的高效率。2008 年，廖良生报道 HAT-CN/Alq_3:Li 的连接层可进一步降低驱动电压，并提高了器件的稳定性，使得叠层器件达到了可实用化的水平（Liao et al.，2008）。

总体来看，未来 OLED 的方向是发展高效率、高亮度、长寿命、低成本的白光器件和全彩色显示器件，开发高性能可湿法制备的小分子 OLED 材料是降低成本的关键。高稳定性的柔性 OLED 能充分体现有机光电器件的特点，但相关基板技术、封装技术都是亟待解决的问题。

未来 OLED 市场增长潜力巨大，美国行业市场分析公司 NanoMarkets 的报告《OLED 材料市场 2012》（*OLED Materials Markets 2012*）对未来 8 年 OLED 材料在显示和照明领域的发展进行了解读。报告指出，OLED 材料的市场份额将从 2012 年的 5.24 亿美元增长至 2019 年年末的 74 亿美元，年均复合增长率超过 45%（NanoMarkets，2012）。

三、固态照明产业化和应用分析

1. 固态照明市场分析

LED 照明市场从 2000 年以来，经历了三个阶段：2000～2003 年第一波销售增长由手机带动；2004～2007 年是手机带动增长迟滞期；2008 年后，白光 LED 照明掀起新一波销售增长。2011 年 LEDINSIGHT 公司的研究报告认为，未来几年 LED 市场将平稳增长，总市场规模将达到 160 亿美元，而 LED 照明将成为主要的增长动力（LEDINSIGHT，2011）。从市场需求分类来看，LED 灯具的市场发展前景最为广阔，见图 3-1。未来建筑照明仍然是 LED 应用照明主流，商业空间照明重要性大幅增长。

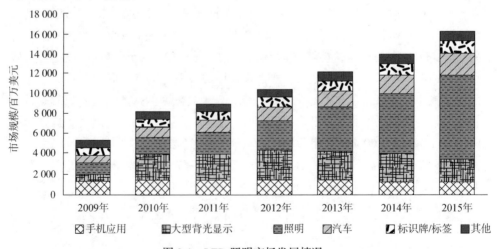

图 3-1　LED 照明市场发展情况

2. 主要国家 LED 照明产业发展模式分析

1）美国

美国 LED 产业的发展主要是依靠其较成熟的市场体制、完善的技术创新体系以及强大的经济基础，通过掌握 LED 产业核心信息技术来控制全球 LED 产业链的利润流向，占据技术领先者地位。美国 LED 产业发展模式和主要特点如下。

（1）核心技术投资。DOE 已发起了四轮固态照明核心技术投资，第四轮包括 6 个投资领域：①内量子效率（IQE）；②寿命和效率提高的芯片的可靠性及缺陷性质；③荧光粉和转换材料；④出光效率；⑤对用于有机发光的高效、低电压、高亮、稳定材料和结构的研究；⑥OLED 出光效率提高策略。美国发展 LED 产业的核心路线是"通过科技突破带动市场、加速市场渗透速度"。美国 LED 产业是典型的技术领先者发展模式，其产业技术研发主要集中在 LED 产业链上游，大多属于产业核心技术。

（2）产业链垂直整合。美国 LED 企业在发展初期，基本都是从 LED 产业中一个特定环节开始的，但很快就进入了垂直整合阶段，而且整合程度较高。在 LED 企业个体进行垂直整合的过程中，美国很多企业形成了包括"衬底－外延－芯片－封装－应用产品"的完整 LED 产业链。

（3）市场推广和市场渗透。作为 LED 光源市场推广战略的一部分，DOE 正努力将 SSL 产品纳入能源之星计划。DOE 邀请制造商参与 SSL 技术展示工程，目的为确定、参与商业可行（或即将商业可行）或性能远超过现有最好产品的产品早期应用，加速 LED 通用照明产品的市场渗透率。

（4）标准和知识产权。美国非常重视知识产权，对案例通常会作深入的分析，在启动国家的研究计划时，会进行大量的专利检索和分析，确定企业和研究机构的研发方向。目前，知识产权的重点已向应用方向转移，包括控制、驱动、光学设计等。DOE 尤其对家用及商业通用照明 LED 系统感兴趣，家居下照灯与 LED 光源的方向特性匹配而成为首选应用。

DOE 连同相关企业、集团、标准设定机构一直加紧制定面向 SSL 产品的标准和测试流程。2010 年 8 月，经过三次草案的发布，DOE 终于对《整体式 LED 灯能源之星认证》发布了最后的确认版本，并要求于 8 月 31 日正式生效。该标准是 2009 年度全球范围内最具影响力的技术性贸易措施之一，对中国以中低档产品占主要出口比重的 LED 灯具出口企业的影响将十分深远。

（5）政府政策支持。美国政府从宏观规划、技术研发、政府采购、协会支持等四方面对 LED 产业给予了强有力的支持。DOE 的 SSL 计划目前支持的重心向应用转移，2004 年启动时，80%是基础研究，2006～2007 年基础研究与应用约各占 50%，2009 年重点是应用，预算约 1600 万美元。另有商业辅助项目，如列入政府采购目录，向军方采购部门推荐。DOE 一般研发项目每年支持经费 50 万～60 万美元，承担单位需要 30%左右的配套。起步阶段的公司还可以申请类似创新基金的中小企业支持资金（SBIR），10 万～50 万美元不等，个人也可申请，通常 3 年期限。除加利福尼亚州等少数发达的州外，州政府很少有资金支持研发，但州政府可以出台一些标准或规定推广产品应用。美国的州对进入的企业会有一些优惠政策（中国半导体照明网，2012）。

2）日本

日本 LED 产业的发展与美国非常类似，主要是采取技术领先的产业发展策略，通过专利权等方式设立壁垒，同时通过技术垄断的优势获得超额利润。日本产业模式及特点包括以下四点。

（1）技术研发体系。日本在 LED 产业发展上也是实施技术领先型发展战略，而且也是以基础技术研发为重点。近年来，日本政府扶持 LED 产业发展的重心从协助技术成长为主转向于建构和培养需求市场，并转移到高效率照明的全面实施。

（2）产业结构。日本 LED 产业结构与美国相似，市场集中度非常高，都是由几家大型公司领导产业发展。日本 LED 厂商分布较多，以综合实力全球领先的日亚化工（Nichia）、丰田合成（Toyoda Gosei）两家厂商为龙头；其还有西铁城（Citizen）、罗姆（Rohm）、斯坦雷电气（Stanley Electric）、夏普（Sharp）、松下（Panasonic）、东芝（Toshiba）、日本电气（NEC）、日立（Hitachi）、可天士（Kodenshi Matsushita）、冲电气（Oki Electric）、三肯（Sanken）等一批具有国际知名度的 LED 封装器件大厂；在 LED 衬底材料方面，主要有昭和电工、信越半导体及三菱化学等公司。目前，日本 LED 产业已经形成了从上游到下游应用的完整产业链。

（3）政府支撑体系。日本政府使用大量特定的技术创新政策鼓励、刺激产业技术的发展，其中主要是经济资助政策和组织协调政策。日本的经济资助政策包括财政补贴、税收优惠和贷款优惠三大政策。日本政府提出减税优惠及强迫能源使用量大的企业改用节能产品，而许多地方政府也提供地方级节能产品及 LED 照明补助。日本各县市推出的补助金额与相关规定各不相同，大部分采用将 LED 合并在其他节能产品内，共享同一补助方案的方式。如东京都千代田区，若是使用符合标准的 LED 照明产品，即可申请装设金额 1/5 的补助款。

（4）标准和知识产权。在标准设立方面，日本组织联合该国 72 家 LED 相关厂商，成立 LED 照明推进协会，进行标准整合与制定，借此产业标准降低买卖双方交易成本，提高日本厂商全球竞争优势。

3）韩国

在高科技产业发展上，政府成立专职机构进行管理、规划和指导产业发展，制定相关的产业和技术发展战略，并在政府协调下高效率进行。韩国注重发挥比较优势，善于抓住产业转移机遇，在引进和吸收的过程中，通过实施大公司战略，保护本国市场，推进国产化。对研究开发和生产销售的全过程实行一条龙的组织管理，兴建了现代化科研基地、科技城等，构建最新科技信息网络，加强与发达国家的技术交流与科研合作，加大对高新技术项目的投资力度。韩国 LED 照明产业发展模式和特点概述为以下四点。

（1）政府主导推行大企业战略。韩国一直在政府主导下推行大企业战略，通过政府与银行联手为企业提供资金，培育大的企业集团。LED 产业属于技术和资金密集产业，前期研发投入巨大，投资风险高，一般小企业难以满足该产业上中游的资金需求，这种大企业战略对韩国 LED 产业的发展起到积极的推进作用，例如，韩国目前上中游的 LED 技术大多都是由三星公司研发成功。

（2）产业集聚策略。韩国通过"培育全球竞争力的企业群"来强化产业竞争力，主要措施包括：以支援潜力企业稳健成长取代支援创业，并强化企业之间的整合；构建企业之间的协力系统，促进地区集聚度和特色；支援核心技术开发，培育优秀人才，对优秀技术、人才进行国家层面的保护和奖励。

（3）以应用拉动市场，由国内向国外辐射。在高科技产业发展初期，韩国一般都是首先将国内市场作为"创新服务与产品"的试验场，对高科技产业的蓬勃发展以及进入国际市场起到关键的推动力。韩国 LED 产业能在短短的两三年之内崛起，其内销市场的贡献度相当大，然后再由国内向国外辐射，如韩国手机厂商对 LED 产业的带动作用功不可没。

（4）促进中小企业发展。韩国政府非常重视中小企业发展，认为它们才是发展本国自主产业的主要力量。目前这些中小企业的发展大都定位于前沿技术的研发，瞄准自有专利技术的产业化。在技术转移平台营造方面，韩国政府每年拨付专款用于支持中小企业孵化，另外，银行、风险投资财团也给予鼎力协助。韩国政府在支持 LG、三星、现代等大企业在技术开发的同时，让中小企业也参与进来，以避免技术分布的不平衡，从而带动整个产业发展。

四、结语

提高能源效率与新能源的开发利用是节能减排的两大重要途径，对于中国而言，提高能源效率是更经济、收效更快的首要选择。同白炽灯、荧光灯等照明灯具相比，LED 照明节电的效果尤为显著（图 3-2）。以半导体发光二极管和有机发光二极管为代表的固态照明技术，通过提高电光转换效率降低成本，将成为最为有效的通用照明节能途径。

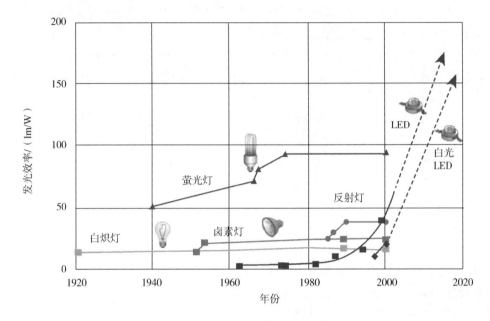

图 3-2 各种照明技术的能耗比较

资料来源：http://www. frost.com/prod/servlet/market-insight-print.pag?decid=183116560

根据中国电力企业联合会 2012 年 1 月 13 日发布全国电力工业统计快报数据显示（中国电力企业联合会，2012），2011 年全国全口径发电量为 47 217 亿千瓦时。在世界电力的使用结构中，美国、日本和欧洲等发达国家和地区的照明用电约占总用电量的 20%。而中国绿色照明工程促进项目办公室的专项调查表明，我国照明用电在整个用电中的比例约为 12%。据此估算 2011 年全国照明用电量约为 5666 亿千瓦时，假设全部采用 LED 照明将至少节能 50%，约合 2833 亿千瓦时（LED 比白炽灯省电 90%，比荧光节能 80%）。因此，新一代固态照明材料的研发具有十分重要的战略意义。

世界半导体照明市场形成美国、亚洲、欧洲三大区域为主导的三足鼎立的产业分布与竞争格局，欧洲主要是飞利浦公司与欧司朗公司，美国主要是通用公司，并称为世界三大照明厂商，它们积极与上游半导体公司整合，成立了美国流明公司、欧司朗光电半导体公司等公司，而亚洲则主要是日亚化工、丰田合成以及首尔半导体。

我国现已形成了 LED 外延片生产、芯片制备、芯片封装以及产品应用等完整的产业链。现阶段，从事该产业的人员达数万人、研究机构数十家、企业四千余家。近几年，在"国家半导体照明工程"的推动下，已形成了上海、大连、南昌、厦门和深圳等国家半导体照明工程产业化基地。长江三角洲、珠江三角洲、闽南三角地区以及北方地区，成为我国内地 LED 产业发展的聚集地，已初步形成有优势、有配套能力、有公共测试服务的产业集群，有效带动了内地 LED 整个产业的发展。

虽然国内半导体照明技术已经取得了一些进展，但还有一些关键材料问题需要解决和重点发展，如新型衬底材料、外延片生长技术、高导热金属材质、高效荧光粉等。

经过多年发展，我国产业已初步形成了包括外延片的生产、芯片的制备和封装，以及产品应用在内的较为完整的产业链。普通 LED 的市场开始饱和，高亮 LED 是产业发展的核心，其瓶颈问题在于大尺寸、高质量 GaN 和 SiC 衬底材料的生长和外延技术，另外，高效荧光/磷光杂化的白光 OLED 光源也是室内 LED 光源的关键瓶颈材料。

从全球产业竞争格局看，我国大陆和台湾地区主要侧重发展封装和应用环节，当前大陆的封装水平提升较快，以道路照明为主的照明应用产业取得了突破性发展，LED 封装和应用方面在规模和产业化技术方面在全球具有重要影响力，但关键材料自主知识产权较为薄弱，技术层面上建议对以下领域优先展开研究。

（1）高导电、高透明、低成本 SiC 晶体衬底材料。开展 SiC 晶体生长技术研究，认知工艺参数与晶体结晶质量、多型共生及生长重复性的关系；开展 SiC 晶体中微管道等严重影响材料使用性能的结晶缺陷的形成机制和降低方法；开展大尺寸本征 SiC 晶体生长研究；开展 SiC 晶片冷加工成套技术和 Epi-ready 清洗技术研究，为大功率白光固态照明器件制备研制提供高品质的 SiC 晶体衬底材料。

（2）新型衬底上 GaN 基固态照明结构材料。针对新型衬底（GaN、SiC 衬底）上的 GaN 基固态照明器件结构材料生长的需要，开展相关材料生长的动力学和高质量异质结构制备研究；研究基于新型衬底的高质量 GaN 基结构材料的缺陷控制与掺杂控制技术。

（3）半导体照明外延生长用关键原材料研究。突破蓝宝石衬底的制备及加工工艺，开发产业化生产技术；掌握 MO 源、氨气等原材料制备的新工艺；提高市场占有率，降低 LED 外延生产制造成本。

（4）GaN 基 LED 量子效率提升技术研究。突破 GaN 基 LED 器件的材料外延瓶颈，掌握核心外延技术；开发出新型芯片制备和封装工艺，提高出光效率至 150lm/W；掌握大注入电流对 GaN 基 LED 内量子效率和外量子效率的影响规律；

支撑半导体照明产业可持续发展。

（5）高效白光 LED 封装技术及封装材料研究。开发出新型封装结构及封装材料；用于高性能照明器件的发光材料和载流子传输材料，研发有机半导体掺杂技术。

（6）深紫外 LED 外延生长及应用技术研究。获得高质量的深紫外材料外延生长技术和高效率深紫外 LED；掌握波长 300nm 以下深紫外 LED 材料的结构设计和外延生长技术；开发出面向应用的深紫外光源模块。

（7）无荧光粉 LED 外延生长技术研究。获得实现无荧光粉白光 LED 的技术途径，掌握 RGB 三原色混光产生白光的封装关键技术，掌握单芯片白光 LED 制备关键技术。

除了在技术上对重点关键展开研发，政府还应在政策导向上给予大力扶持，现提出以下四点建议。

（1）抢占专利高地。从目前世界范围内看，日本、美国和欧洲企业的技术水平、研发水平处于领先地位，拥有领域原创性的发明专利，主要集中于材料外延、芯片制作、后步封装等方面，并且上游产业的专利数远多于中下游产业。中国产业拥有的专利则主要集中在中下游产业，这是因为我国产业结构中偏重制造业，在中下游技术上已经具备了一定的实力，但在上游产业的基础研发上力量不足。为了发展我国 LED 产业，中短期内我国应集中力量发展中下游产业技术，以期尽快获得较多的专利。然后以此为筹码，采用与国外大公司进行专利相互授权的战略，争取占领较大的市场份额。而着眼长期的发展，LED 产业还是必须从中下游努力向上游延伸发展，争取实现全产业链条的高效整合。

（2）整合力量，抱团发展。国内产业发展的关键是整合产业链，明确发展方向和分工，避免低水平的盲目投资。一方面，要整合力量全力向产业链下游发展，注重封装和应用，注重光景设计、创意设计等方面的发展。另一方面，也要向产业链的上游开拓，加强国产芯片企业彼此之间的协作，推动技术交流，此外，还要打造配套服务业，完善供应链。产业缺乏标准是制约中国产业发展的重大隐患，必须在现有的产业基础上，尽快制定和不断完善产业标准体系，明确技术规范、应用准则与检测标准，从而推动产业更好地健康发展。

（3）尽快抢占国际 LED 标准制高点。产业缺乏标准是制约中国产业发展的重大隐患。必须在现有的产业基础上，尽快制定和不断完善产业标准体系，明确技术规范、应用准则与检测标准，从而推动产业更好地健康发展。

（4）打造本土化的高层次人才队伍。本土化高层次人才缺乏，是制约产业未来健康发展的又一关键问题。目前，国内企业的高层次人才，许多是原任职于国外巨头企业的专家或从我国台湾地区聘请来的业内精英，这些人才的加入在一定程度上推动了国内产业的技术进步。但仅仅依靠这样的"外溢效应"显然是不够的，为了 LED 产业的长远健康发展，尽快打造本土化的高层次人才队伍十分必要。应尽快建立多层次的人才支撑体系，建立以企业为中心、以高校和研究机构为技术支撑基础的创新性人才培养机制，通过共建博士后流动站、工程硕士联合培养点等方式，联合培养有利于产业发展的创新型人才，打造本土化的高层次人才队伍。

第二节　柔性显示材料发展趋势

　　无论是濒临消失的阴极射线管显示器 CRT，还是现今主流的液晶显示器 LCD，本质上都属于传统的刚性显示器。而柔性显示器的概念由来已久，它是一种由薄型柔性衬底构成的显示器，可以弯曲、变形、卷成直径几厘米的圆筒而不损坏。柔性显示具有轻、薄、可挠曲、耐冲击等潜在性能优势，适用于个人移动便携设备、电子海报、汽车仪表板、RF 辨识系统、传感器等。利用柔性显示可弯曲的特性使得工程设计不局限于平面化，可实现多元化外形的显示模式。

　　欧美和日本很多实验室都在研究开发柔性显示器，柔性显示实现技术大致可分为三种：电子纸（e-paper）或称柔性电泳显示（electrophoretic display，EPD）、柔性有机电致发光器件显示（flexible organic light emitting display，FOLED）、柔性液晶显示（flexible liquid crystal display，FLCD）等（刘国柱等，2008）。

一、电子纸技术

　　电子纸技术是利用不同颜色粒子表面特性与分散介质的交互作用，使粒子表面荷电，粒子表面电荷与邻近介质的电子构成电双层结构，通过改变外加电场的大小及方向来控制粒子泳动的速度与位置，从而实现显示功能。电泳显示主要包括微胶囊型和微杯（microcup）型显示技术。其中由美国原 E-Ink 公司发明的微胶囊技术占据了全球电子纸市场的绝大多数份额。电子纸并不是只有电子墨水（E-Ink）一种，还有高通（Qualcomm）公司的 Mirasol 电子纸、普利司通的电子粉流体技术电子纸、富士通的胆甾醇液晶电子纸、友达的 SiPix 电子纸等（刘国柱等，2008；李政远等，2010；王静等，2005）。近年来，电泳显示器已成为人们广泛关注的焦点。原 E-Ink、Lucent、飞利浦、三星、柯达、施乐、IBM、索尼、东芝、佳能、爱普生、摩托罗拉等多家国际知名公司都在涉足电泳类显示器件的研发。

1. 电泳显示技术

1）微胶囊电泳显示技术（EPID）

20 世纪 70 年代，日本松下公司首先报道了电泳显示技术，Xerox 公司当时也已开始研究，不过，将分布于分散介质中的电泳颗粒灌装于 2 块平行板电极之间的结构过于简单，无法保证稳定的显示质量。由于溶剂挥发，未经任何处理的电泳颗粒易团聚、沉降、吸附于器件边缘，对显示造成不可逆的负面影响，电泳液的不稳定性也导致了器件的使用寿命大大缩短。这些问题甚至一度使该项研究中断。1998 年，麻省理工媒体实验室 J. Jacobson、B. Comiskey 等提出了一种将无机颜料颗粒包裹于微米尺度的聚合物胶囊中的新型电泳体系，密封性结构保证了性能的稳定性，有利于电泳显示，解决了上述问题，如图 3-3 所示。

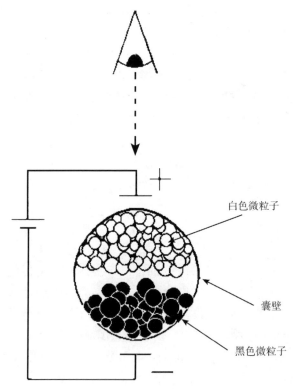

图 3-3　微胶囊型电子纸显示原理

Jacobson 教授于 1997 年成立了 E-Ink 公司，该公司研发的电子纸显示器显示基元为包覆电子墨水的微胶囊，微胶囊内含 2 种颜色的显示介质，其中的黑色颗粒带负电，白色颗粒带正电，凭借上下电极的改变拉动颜料颗粒在微胶囊内上下移动，产生黑白灰阶颜色变化，微胶囊直径约为 20μm，颜料颗粒直径约为 5μm。作为显示基元的微胶囊均匀铺展于塑胶基板后，再贴附于电极的透明基板上即可。

为实现显示图像的精确调控，E-Ink 公司采用了 LCD 显示的薄膜场效应晶体管（thin film transistor，TFT）技术。与传统技术不同的是，E-Ink 的 TFT 结构采用不锈钢为基板，在表面形成绝缘钝化膜，非晶硅 TFT 采用了反向通道蚀刻结构，栅极金属与源极/漏极金属是用热蒸镀技术成膜，非晶硅与纳米非晶硅层、氮化硅层则是由复室型（multi-chamber）电浆辅助化学气相沉积成膜，SiN 成膜时使用硅烷（SiH_4）与氨气（NH_3）混合气体。组装过程中将制备的微胶囊与水性聚氨酯黏合剂 NeoRezR-9320 以质量比 10:1 混合均匀，用刮刀涂覆于基板上，60℃下烘干 30 分钟，上层再紧密贴合一层导电层，完成微胶囊型电子纸显示器的组装。

E-Ink 公司组装的微胶囊电子纸显示屏的显示反射率是液晶显示器的 6 倍，对比度是液晶显示器、纸质报纸的 2 倍，具有优良的可阅读性，更符合人们的阅读习惯；具有双稳态特性，可达到接近全角度的视角，器件非常薄，一般的 TFT LCD 厚度约为 2mm，成熟的 E-Ink 电泳显示器仅厚约 0.3mm。

微胶囊型电子纸显示器取得了巨大成功，占有全球电子纸市场九成份额，但此方法仍存在一些缺陷：①电泳液对环境变化敏感，特别是潮湿和温变对器件影响很大；②胶囊壁厚且尺寸相对较大，耐磨性差，胶囊易破裂导致分辨率降低；③微胶囊工艺为实现全彩化必须使用滤光片技术，这会带来绝大部分能量消耗，从而完全丧失电子纸体系低能耗的优势。为改善微胶囊体系电子墨水的稳定性，研究者们在利用聚合物对颜料颗粒进行改性以减小比重和表面电荷性质的控制方面做了大量工作。

2）微杯型电泳显示技术

微杯型电泳显示技术是由 SiPix 公司开发的，其特殊设计的"微杯"结构是将微胶囊如网格般紧密排布，通过减少微胶囊之间的间隙实现一定的分辨率。将含有白色带电微粒（如 TiO_2 等）的红、绿、蓝三色的电泳液，分别对位注入杯状微元中，并紧密封装于上下两张柔性可弯曲的透明塑胶电极之间。通过电场的控制，可以实现全彩柔性显示。目前，SiPix EPD 的微杯型阵列应用于单面板时，其清晰度可达 300 dpi。微杯型电泳显示技术的优势主要表现为可根据客户的不同需求，分裁成不同尺寸、不同形状的 EPD 成品，而且也不影响显示的效果。当屏出现瑕疵时，可以只裁剪掉瑕疵部分，保留完好部分。

SiPix 公司提出的微杯型电子纸较好地解决了微胶囊耐磨性差、响应时间慢、胶囊尺寸分宽、耐候性差、难以实现全彩化等问题。微杯型的结构具备良好的机械性能，每个微杯格不仅像微胶囊一样有对电泳液进行分区密封、防止电泳颗粒间团聚串扰的作用，大大降低外界环境带来的影响，更易实现双稳性，同时对电极之间有一定支撑效应。使用微杯格结构的 SiPix EPD 显示屏在弯曲、卷曲及受压情况下显示性能优异，显示时临近区域电泳液间不会发生混合串扰，无需侧封胶，封装后可被裁减切割为任意尺寸和形状，使用方便快捷。最重要的是，微胶囊型电子纸显示器制备工艺复杂，且良品率低，成本居高不下；而 SiPix 公司创新性地采用了卷到卷工艺，通过整套连续性工艺实现微杯的压膜制备及电泳液的灌注组装，流水线量产的生产方式有效控制了成本。由 SiPix 公司微杯型电子纸显示器制成的柔性电泳显示器，在 30V 直流电压下驱动响应时间低于 30μs，影像对比度高于 10∶1。微杯型电子纸显示器原理见图 3-4。

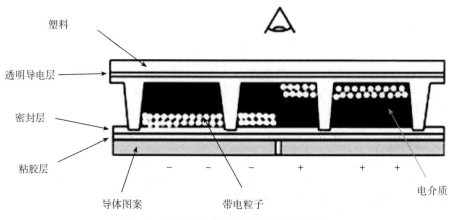

图 3-4　微杯型电子纸显示器原理示意图

SiPix 公司的微杯型电子纸在实现同样优良显示品质的条件下解决了微胶囊耐候性差的问题，卷轴工艺制备微杯也在一定程度上控制了成本。然而，微杯的压模制作需要精密模具，改变微杯的大小尺寸只能重制模具，成本很高，并且，SiPix 公司的器件组装方法只适用于昂贵的含氟溶剂，致使原材料成本居高不下。

2. 其他电子纸技术

1）电子粉流体技术

电子粉流体电子纸技术是普利司通公司在 2004 年推出的。与电泳显示技术类似，它也利用微粒在电场中的运动来显示图像和文字，所不同的是，它采用的是纳米级别的树脂颗粒。这些纳米颗粒具有神奇的特点，它们的运动特征像真正的流体那样，因此被称为电子粉流体。

在平面显示器（flat panel display，FPD）2007 上，普利司通展示了改进的QR-LPD（quick response-liquid powder display）双色电子纸，仅厚 0.29mm，画面尺寸 9 英寸。该公司表示，通过改进电子粉流体技术，实现了较以前更清晰的显示，显示基板也从过去的玻璃材料改为全塑料材料。

此次组合使用的是红黄两色，只需更换颜料即可改变颜色，因此除原来的黑色及白色外，还可实现其他颜色。该公司表示，改进的电子纸不仅可保持 QR-LPD 的高清晰度、视角开阔、存储性能好、响应迅速等特点，还可以实现可弯曲、超薄、超轻、大型化。另外，对于可弯曲化面临的一个课题——弯曲造成影像混乱，则通过采用特殊的肋形构造解决了问题。

普利司通 4096 色的彩色电子纸同样基于电子粉流体技术，结合采用滤色器实现彩色化。画面尺寸为 8.1 英寸，分辨率为 480×384 像素。滤色器采用了在 RGB 三原色基础上加上白色的 RGBW 型，目的是确保亮度。但即便如此，还是无法避免滤色器导致亮度大幅降低的现象出现。

2）电流体技术

美国辛辛那提大学以及 Sun Chemical，Polymer Vision 和 Gamma-Dynamics 三家公司合作开发，并于 2009 年 5 月在《自然·光电子学》杂志上报道了该柔性显示技术。这种电子纸的主体是由疏水性材料制成的六角形像素，每个像素的中心是一个被称为"蓄液池"（reservoir）的用于储存色素的微小容器。

当电极施加电压时，色素扩散到 reservoir 外部，让像素显示颜色，停止施加电压时，扩散的色素会在杨-拉普拉斯疏水力的作用下返回 reservoir 中。该技术与荷兰 Liquavista B.V.公司在 SID 2006 发表的基于"电润湿"（electrowetting）技术的电子纸类似。后者通过控制疏水性薄膜上色素粒子的接触面大小，使油膜上的水粒变圆变小。开发者声称，与电润湿技术相比，电流体可在保持对比度的情况下将像素面积减小至原来的 1/3～1/2，这使得整张电子纸的厚度仅为 15μm。该电子纸使用的色素由 Sun Chemical 公司负责提供，共有黑、蓝、黄、红 4 种颜色。Gamma-Dynamics 公司和 Polymer Vision 公司表示将致力于开发采用该技术的卷状电子纸。

3）干涉调制显示电子纸

代表性的是 Mirasol 显示技术，是由高通（Qualcomm）全资子公司高通光电（Qualcomm MEMS Technology）开发的一种新型显示技术，主要应用于手机的屏幕显示。工作原理与蝴蝶翅膀生成颜色的原理类似，Mirasol 显示屏利用微机电系统（MEMS），以一种称为干涉测量调制（IMOD）的反射型技术为基础，利用环境光，不需要背景光，因此功耗大大降低。如果只是维持画面而不进行任何操作，Mirasol 的功耗几乎为零。用于阅读电子书刊杂志和上网，E-Ink 显示器可持续 7.3 天，而 Mirasol 达到 8.6 天；如果用于观看视频，两者的差距将更为巨大。反射型 Mirasol 显示器还可根据周围的光照条件自动调节，使用户可在几乎所有环境下查看内容，包括在明亮的阳光下，但成本是一大问题。

3. 电子纸的未来发展方向

传统的电泳显示器可以用来显示静态文字和图片，但这还远远不能满足未来用户的需要。除了彩色以外，用户还希望其精细程度更高、色彩更绚丽、响应时间更快，能够实现手写和触摸输入，尺寸更大，还要更轻便。

在画质方面，电泳显示器的一个重要特征就是拥有类似纸质读物的高精细度，近年来上市的电泳显示器分辨率一般可以达到 120～180dpi，是普通液晶显示器的 2 倍以上。虽然显示精度很高，但色彩是电泳显示器的一个软肋，无论是显色数、饱和度还是色域，目前的彩色电泳显示器都不能与液晶和 OLED 显示相提并论，现在还没有厂商能够开发接近液晶色彩效果的电泳显示器。未来彩色电泳显示器在显示效果上达到液晶显示技术的水平是发展方向之一。

在视频播放方面，目前主流电泳显示器的刷新速度很难达到视频播放的标准。就手写和触摸方面，可能将和彩色显示功能一起成为下一代电子书阅读器的标准配置。这就需要提高响应速度，实现较为快速的帧切换。

二、柔性 OLED

OLED 是利用正负载流子注入有机半导体薄膜后复合发光的显示器件。柔性 OLED 是以柔韧性好，具有良好透光性材料代替普通的 OLED 的玻璃衬底，其结构和发光机理与普通玻璃衬底的 OLED 器件相似。OLED 显示屏按照驱动方式，可分为被动式 OLED（passive matrix OLED，PMOLED）和主动式 OLED（active matrix OLED，AMOLED）；按照发光材料，可分为小分子聚合物 OLED 和高分子 OLED（PLED）。柔性 OLED 的优势在于，其基板材料多使用柔韧性和透光性好的塑料基片，令其柔韧性、重量、厚度和耐用性等都很好，但同样因为衬底原因，使其具有平整性差、熔点低、寿命短、ITO 膜容易脱落等缺点。

1. 柔性 OLED 技术

OLED 是利用正负载流子注入有机半导体薄膜后复合发光的显示器件。一般 OLED 器件的制作是以覆有 ITO 透明导电膜的玻璃作为衬底,其中 ITO 膜作为电致发光器件的阳极,然后将有机/聚合物发光和载流子传输材料用旋涂或真空蒸发等方法,以薄膜的形式按照各种结构制作在 ITO 玻璃表面,再在其上蒸发一层低功函数的金属,如 Mg,Mg/Ag,Ca,Li,Al 等作为器件阴极,光从覆有 ITO 膜的玻璃衬底一侧输出。OLED 利用外加电场使空穴和电子分别从正、负极板注入空穴和电子传输层,再由传输层迁移至发光层,在发光层相遇形成激子,激发发光分子,发光分子经过辐射弛豫而发出可见光,如图 3-5 所示。其发光的颜色取决于有机发光层材料,所以可以通过改变发光层的材料而得到所需要的颜色。

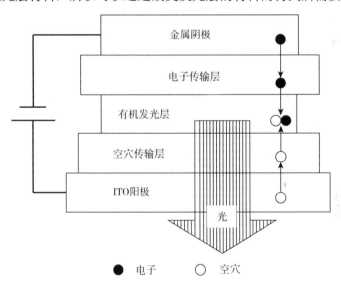

图 3-5　OLED 基本结构示意图

OLED 显示屏根据驱动方式可分为被动式与主动式。PMOLED 属于电流驱动,结构简单,驱动电流决定灰阶,应用在小尺寸产品上。AMOLED 在每一个 OLED 单元,即像素后面都有一组薄膜晶体管和电容器,形成一个薄膜场效应晶体管(TFT)驱动网络,每一个像素都可以在控制芯片的操作下驱动 TFT 的激发像素点,这种方式能获得极速的响应时间,而且省电、显示效果好,适合大屏幕全彩色 OLED 的需要。

OLED 按所使用的载流子传输层和发光层有机薄膜材料的不同,分为两种不同的技术类型,一种是以有机染料和颜料为发光材料的小分子聚合物 OLED,另一种是以共轭高分子为发光材料的 PLED 高分子聚合物 OLED。

柔性 OLED 则是以柔韧性好，具有良好透光性材料代替玻璃作为衬底制成。简单的柔性 OLED 器件衬底为镀有 ITO 透明导电膜的塑料基片，其结构和发光机理与普通玻璃衬底的 OLED 器件相似，结构为柔性基片/ITO 阳极/有机功能层（含发光层）/金属阴极。其中，发光层可以用小分子的或聚合物的发光材料。1992年，美国加利福尼亚大学 Heeger 研究小组，在 *Nature* 上首次报道了柔性 OLED，他们采用聚苯胺（PANI）或聚苯胺混合物，利用旋涂法在柔性透明衬底材料 PET 上制成导电膜，作为 OLED 发光器件的透明阳极这一研究成果拉开了 OLED 柔性显示的序幕（曹艳和汪辉，2008；孙媛媛等，2005；李天华，2009）。

2. 柔性 OLED 优势及挑战

1）柔性 OLED 的优势

（1）柔韧性。柔性 OLED 的阳极基板可以是具有良好的柔韧性和透光性的塑料基片（典型的是 PET 基片）、反光的金属箔以及非常薄的玻璃基片（如 50μm 厚的 Schott D263 硼硅玻璃）等。这些材料使得 OLED 能够弯曲，并且可以卷成任意的形状。

（2）重量轻、外形薄、耐用性好。柔性 OLED 最常用的衬底是聚酯类塑料衬底，其柔韧性很强，既轻又薄（柔性 OLED 重量约为同等面积玻璃衬底 OLED 的十分之一，厚度在 125～175μm）。由于衬底的柔韧性很好，柔性 OLED 器件一般不易破损，更耐冲击，与普通玻璃衬底的器件相比更加耐用。

（3）成本更低，性能更好。随着可实现连续化滚筒式生产的有机气相淀积工艺的出现，柔性 OLED 的生产成本更低，而且可实现大规模量产。目前制作的柔性 OLED 器件的亮度高于 $5 \times 10^4 cd/m^2$，发光效率可超过 400lm/W，与制作在玻璃衬底上的 OLED 相比，柔性 OLED 的性能显得更好。

2）柔性 OLED 存在的问题

选择柔性衬底作为 OLED 的基板时，由于衬底本身的性质，给器件和制作过程带来了很多问题。

（1）平整性较差。通常柔性衬底的平整性要比玻璃衬底差，这不符合表面要求。大部分淀积技术是共形的，制备的薄膜会复制衬底的表面形态，使得衬底以上的各层都凹凸不平。这会造成器件的短路，引起器件损坏。

（2）熔点低。柔性衬底的熔点很低，而 OLED 基板的工艺温度却很高，所以，在制作过程中柔性衬底会变形甚至熔化。即使温度较低的环境中，柔性衬底尺寸也不稳定，这给多层结构的 OLED 制作在精确整齐排列上带来了很大的困难。

（3）寿命短。OLED 对水蒸气和氧气都比较敏感，而大部分柔性衬底的水、氧透过率均比较高。当水蒸气和氧气进入到器件内部时，会影响阴极与发光层之间的黏附性、使有机膜层内发生化学反应。这些都会导致器件的光电特性急剧衰退，造成器件迅速老化、失效。与玻璃衬底相比，塑料衬底对水蒸气和氧气的隔离及对器件防老化的保护作用都不够理想，无法满足显示器连续工作超过 10 000 小时的寿命要求。

（4）ITO 薄膜易脱落。为了配合熔点低的柔性衬底，只能在低温下淀积 ITO 导电薄膜，制成的 ITO 导电薄膜电阻率高、透明度差，与柔性衬底之间的黏附性不好，在弯曲时易折裂，造成器件失效。常用的柔性衬底 PET 与 ITO 的热膨胀系数相反，在温度变化时，一个收缩，另一个则膨胀，因此 ITO 薄膜比较容易脱落重。另外，在工作过程中，也会因为器件发热而导致 ITO 导电薄膜脱落（姚远，2006）。

3. 柔性 OLED 未来发展方向

提高柔性 OLED 器件的使用寿命。影响柔性 OLED 使用寿命的主要原因是衬底的水、氧透过率太高。因此，重点在于如何解决水、氧的渗透，于是衬底材料的选择变得尤为重要。柔性封装材料的特点就是在发生很大弯曲变形时仍然可以保证材料的有效使用，为了获得柔性有机显示器或其他电子设备，前后基板必须具有足够的柔性同时能有效隔绝湿气和氧气。柔性封装不仅仅是满足折叠、弯曲的要求，而且要有一定的强度以保证产品的实际应用要求。因此，封装材料及相应的封装技术成为柔性和强度一并满足的关键。对于这种封装材料，目前研究最多的主要有超薄玻璃、聚合物和金属箔。

OLED 技术被公认为是最有可能实现柔性显示的下一代显示技术之一。柔性 OLED 的轻型基板材料减轻了整个屏幕的重量，除了能改变现有产品（如手机、笔记本电脑等）的形状外，还有希望创造出新一代柔性电子显示器，包括"折叠"式电子报纸、书、个人多媒体通信和计算装置、视频明信片、视频报纸、发光的天花板和墙壁等。

三、柔性液晶显示

柔性液晶显示主要有柔性双稳态液晶显示、柔性铁电液晶显示、柔性聚合物分散液晶显示，以及柔性聚合物网络显示。相比柔性 OLED 和 EPD 显示技术，柔性液晶显示器制作工艺简单、成本低廉，可实现彩色显示，可用无源或有源矩阵驱动（石海兵，2008）。

1. 柔性液晶技术

1）柔性双稳态液晶显示

双稳态液晶显示也是柔性显示领域的热点之一，它可以通过两种方式实现：一种是直接使用具有双稳性质的胆甾液晶（ChLCD）分子，这一技术以 Kent Display、富士通先端科技（Fujitsu Frontech）（中电网，2009）等公司为主导；另一种是通过特殊的取向方法使向列液晶（TN）LCD 实现双稳态，ZBD Displays、Nemoptic 等开发商以及惠普实验室都在这方面做出了令人瞩目的工作。由于拥有节能、便携、柔性等特点，双稳态显示器件已经开始用于电子产品、手表、衣物、零售和广告业等领域。

2）反射式双稳态胆甾型液晶柔性显示

胆甾型液晶是由旋光分子构成，液晶分子的排列具有周期性螺旋结构。在没有外加电场时，该螺旋结构分子具有两种稳态织构：平面状态（planar state）和焦锥状态（focal state）。当液晶分子处于平面织构时，液晶分子的螺旋轴基本都垂直于基板的表面。当螺距的大小与光照射波长相等或相近时，就会发生布拉格反射，反射出具有色彩的光线，此时为亮态，见图 3-6（a）；当液晶分子织构处于焦锥态时，液晶分子的螺旋轴基本平行于基板的表面，有些液晶分子会呈现不规则排列，因此，部分入射光被散射，同时绝大部分光被基板表面的吸收层所吸收，则此时为黑态，见图 3-6（b）。胆甾液晶显示器件的结构与一般的被动型液晶显示器件差别不大，都包括上下电极阵列、上下基板、间隙子和黑色吸光物质等元件，所不同的仅仅是一般的液晶显示需要有背光照明，是透射式的显示方式；而胆甾液晶显示不需要背光照明，是反射式的显示方式。

包含胆甾液晶的显示单元制造技术是胆甾液晶显示的关键，Kent Display 公司使用了适用于柔性显示的聚合物诱导相分离法和乳液法来制造液晶显示单元，它们都能够采用印刷法进行商业化的生产，主要的区别则在于液晶微滴的形成方式。

反射式双稳态胆甾型柔性显示器的优点是不需要背光源、彩色滤光片或偏振片，可采用无源矩阵式驱动，而且具有低功耗、宽视角等光学性能。这种柔性显示的技术优点在于工艺易控、成本较低，适用于卷到卷连续工艺流程，又由于高分子分散型液晶薄膜属于固态显示元器件，故具有固态材料的可靠性，即使破损也不影响其显示功能，且无封装问题。但此显示模式还存在驱动电压过高、对比度偏低及响应速度过慢等问题，仍然有待解决。富士通公司在 2005 年开发的胆甾型柔性显示器的缺点是色彩稍淡，擦写时间长达几秒钟，而且对压力较为敏感。富士施乐在 IDW 2007 上发布的胆甾液晶型彩色电子纸则比前者有了不小的进步，但依然对压力敏感。2009 年 3 月，富士通推出了 8 英寸的彩色电子纸终端

FLEPia，它可以显示 26 万色，但刷新时间长达 8s。

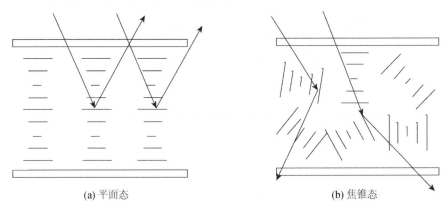

(a) 平面态　　　　　　　　　　　　　　(b) 焦锥态

图 3-6　反射式双稳态胆甾型液晶的两种稳态显示原理

3）顶点双稳态液晶显示

顶点双稳态液晶显示（zenithal bistable display）是 ZBD Displays 公司开发的一种双稳态向列液晶显示技术。通过槽栅的特殊设计实现向列液晶的两个稳定态，这些槽栅类似于常见的光栅。液晶分子在槽栅横截面上的取向存在高倾角和低倾角两个稳态，高/低倾角的稳态可以作为槽深/槽距比的函数，当槽深/槽距比为某一个定值的时候，高/低倾角稳定态的能量相同，而高/低倾角稳定态之间的转换可以通过外加极化的电压脉冲实现。

与双稳态胆甾型液晶显示技术一样，顶点双稳型液晶显示也不需要背光源，因此非常节能。但是这种技术也存在可视角窄、难于实现彩色显示等问题，都有待于进一步的研究。

4）铁电液晶柔性显示

Hideo Fujikake 等基于具有聚酰亚胺（PI）取向层的 ITO-PC 塑料基板，通过两步光聚合诱导相分离法（photopolymerization induced phase separation，PIPS）和苯胺印刷法（flexo-graphic printing method）研发了一种 100mm×100mm 单稳态铁电液晶柔性显示器件，其基板厚为 100μm，液晶层厚为 2μm。这种柔性显示器可以在 20s 内使弯曲的最小曲率半径为 20mm，即使将其弯曲 1000 次后，其光电特性和微织构基本也不会发生改变，其表面形变所能承受的弯曲次数可达 10 000 次之多。柔性基板的中间主要包含两种聚合物织构：①聚合物-纤维网络织构（polymer-fiber networks）；②格子形的聚合物墙（lattice-shaped walls）。这两种织构可以把两层柔性基板紧紧地黏合在一起，阻止了铁电液晶的流动，从而保护了液晶分子在液晶层中的微织构。

聚合物纤维织构的排列是单方向的，这对铁电液晶分子的排列起到了稳定的作用。这种聚合物网络织构具有很强的锚泊能，能使铁电液晶分子获得单稳态的分子开关特性（monostabe molecular switching），即 V 型光电特性（V-shape electro optic characteristic）：无电场时，其光的透过率很低；在正负电压下均可获得高的光透过率。这是因为这些具有电偶极距铁电液晶分子的排列方向随外加电压的强度变化，并能沿聚合物纤维织构的单方向（摩擦取向）发生倾斜。

与传统的双稳态铁电液晶器件相比，这种单稳态柔性显示器中的聚合物网络织构能克服成近晶型织构排列的铁电液晶分子在外界压力或振动情况下产生的结构缺陷，即在弯曲或扭曲的过程中，它能使近晶层的织构具有自动恢复的功能，且 V 型电光特性不会发生变化，或者变化很小。因此，这种由铁电液晶与聚合物单体组成的单稳态柔性显示器件为实现高质量动画效果的柔性显示提供了广阔的开发前景。

5）聚合物分散型液晶柔性显示

聚合物分散液晶（polymer-dispersed liquid crystals，PDLC）是将向列型液晶均匀地分散于透明的聚合物基质中，通过光聚合、热引发或溶剂挥发等方法诱导相分离，形成微米尺寸的液晶小液滴被包覆在固化了网状的聚合物体系中。

PDLC 的光开关作用是通过电场来实现的。无电场时，液晶微滴的指向矢是随机分布的，液晶微滴与聚合物之间都会出现折射率失配，从而导致入射光被散射，液晶膜呈不透明状态，即称为关态，如图 3-7（a）所示；当 PDLC 膜上的电场足够时，液晶分子的指向矢将平行于电场方向，此时，当液晶微滴的寻常光折射率与聚合物的折射率近似相等时，即二者的折射率匹配，液晶膜呈透明态，即称为开态，如图 3-7（b）所示。

PDLC 的优势在于它是一种不需要偏振片，并以固态膜形式存在的光开关器件，且制备工艺较易实现。因此，PDLC 易实现大屏柔性显示。2001 年，P. Mach 等报道了基于 ITO-PET 柔性基板开发的像素 2×3 的 AM-PDLC 柔性显示,其液晶膜厚为 65μm，驱动电压为 1.5V/μm，可以实现 256 个灰度等级，最高对比度可达 170，最小曲率半径可达 3.5cm。

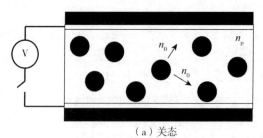

（a）关态

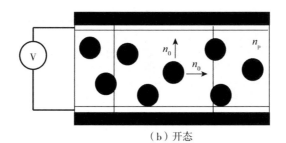

（b）开态

图 3-7 PDLC 的显示工作原理

2. 柔性液晶显示未来发展方向

LCD 的柔性化仍然存在三大难点。其一，玻璃柔韧性并不理想。玻璃板必须尽可能的薄以提高其柔韧性，而如果玻璃基板达不到厚度的要求，改用其他材料代替则需大幅改进工艺，成本压力极大。其二，LCD 的图像取决于聚合物之间的单元间隙，面板的弯曲会造成间隙改变，进而影响图像质量。其三，背光模块的设计难度会大幅增加，保证屏幕亮度均匀性就显得尤为困难。

在 LCD 面板的制作过程中需要真空蒸镀与刻蚀工艺，因此基板除了要耐高温外，还得耐强酸强碱的腐蚀。而塑料只能承受相对较低的生产温度，该温度通常比显示材料工艺中所用的温度低得多，而且塑料在强酸、强碱下老化迅速，因此并不适合作为 LCD 基板。在没有其他合适材料的替代下，继续采用玻璃作基板成了不二的选择。

四、结语

柔性显示器在外观方面对终端用户和产品设计师有吸引力，因为这种显示器耐用、轻薄且新颖。由于可以采用新式印刷方法或者卷式制造工艺，这种显示器还可能降低制造商的生产成本。另外，柔性显示器与传统的刚性显示屏相比，还具有便于运输和安全装卸的优点，而且运输成本相对便宜。柔性显示器已经用于电子阅读器/电子纸、电子显示器卡、电子货架标签、汽车应用、服装、移动存储器件、商店/公共标牌和广告及其他产品，而且将在更多领域中得到采用。

从目前显示器领域的发展方向来看，更大的面积、更低的成本、更加节能环保以及轻薄耐用都是热点趋势，而柔性显示器的特质正好都能符合。应用层面上，信息生活的重要表现形式无疑是信息跟着人走，柔性显示器则为这样的生活提供了更多创新应用的发展潜力，从单纯的面板扩大至数字出版、会展布置、广告媒体和建筑设计等产业，深入生活的不同层面，改变整个信息生活的风貌。

柔性显示材料面临的关键科学问题首先是成本问题，作为一个新上市的产品或技术，柔性显示产品面临价格过高，不容易被市场接受的困境。如何不断降低其成本，是首要解决的问题。其次，柔性显示产品在技术上还有需要进一步提高的地方，如彩色显示、灰度等级、刷新速度、抗压性、耐用性等。以彩色显示为例，目前的电子书还都是黑白显示，虽然已有一些公司研发出彩色屏幕，但与实际应用还有一段距离。最后是产业问题，要使一项技术或产业走向成熟，必然需要推动更多的企业加入这个市场，要通过相关政策促进更多的企业投入大量人力物力寻求技术突破，研发更稳定的材料及提出更特殊的工艺方法。

第四章

新型金属材料发展
趋势研究

第一节　纳米结构钢制造工艺与产业化现状研究

纳米结构钢等超高强度钢在国防、航空、医学、石油和天然气行业、核能、汽车等领域发挥着重要的作用，并且需求越来越高。超高强度钢的获得主要有两种方法：第一种是减小晶体尺寸使其无任何缺陷；第二种是在金属样品上引入高密度的缺陷使其成为位错运动的障碍，如高碳珠光体钢丝，碳钢丝纳米结构钢已实现大规模生产。纳米结构钢的高强度源于其纳米级渗碳体/铁素体层状结构，铁素体相含有非常高的位错密度和饱和碳原子，而渗碳体相含有非晶和纳米晶区域。

纳米结构钢具有以下优势（Tarui et al., 2005）：由于可加工性强，将其制成板材、棒材等材料用于设备的关键易损部位，可提高设备的整体寿命；具有铸后无需加工的高强性能，可精铸成复杂的重要部件和模具，提高铸造材质的综合性能；具有优良的焊接性能和焊后综合性能，可替代大量的高档进口焊条；具有高强度、耐磨性、可焊性等特点，可替代很多高档硬度合金等。因此，纳米结构钢或结构钢的纳米化成为近年来钢铁材料研究领域的一个热点。

一、纳米结构钢主要制造工艺

纳米结构钢近年来的研究重点是通过创新工艺和采用新型合金方法操纵纳米微观结构，另外还要利用高分辨透射电镜（HRTEM）、原子探针（APT）等表征方法以及材料计算设计等辅助方法进行研究。纳米结构钢面临的主要挑战是制造具有优良性能的、块体纳米晶钢大型零部件，且成本合理。为了迎接这一挑战，一些研究机构正在开发一些创新工艺制造纳米结构钢。目前，正在探索的纳米结构钢及合金制造工艺如表 4-1 所示。纳米结构钢的主要制造工艺有强塑性变形工艺（SPD）、热机械控制工艺（TMCP）（Hodgson et al.，2011）、表面机械研磨方法（SMAT）（Hodgson et al.，2008）、通过高锰孪晶诱导塑性（TWIP）钢获得高强纳米结构钢、相转变诱导纳米/超细晶粒钢、金属玻璃晶化、先进 ODS 铁素体和马氏体钢、机械合金化与固化、马氏体时效处理和相变诱导塑性（TRIP）效应相结合、钢表面纳米晶化、通过低温等温转变获得先进贝氏体钢、三联钢（TRIPLEX）等。

表 4-1　纳米结构钢主要制造工艺

制造工艺	概述
强塑性变形工艺（SPD）	SPD 是将晶粒细化到纳米级水平最有希望的途径之一。主要 SPD 包括等通道角挤压（ECAP）、叠合轧焊（ARB）、高压扭转（HPT）、多项特殊冷加工、表面大变形量加工等工艺技术。超精细（<1μm）晶粒使常规钢具有特别高的强度，但拉伸延性急剧降低，因此有待开发改善延性的工艺方法
热机械控制工艺（TMCP）	TMCP 就是在微观控制热轧过程的基础上，再实施空冷或加速冷却。许多微观结构可控制在微米级，而析出硬化技术可控制在纳米级水平
通过高锰 TWIP 钢获得高强纳米结构钢	高锰系 TWIP 钢经受塑料应变，在结构中引入热稳定纳米级机械双晶。随后的恢复处理产生高产量和高拉伸强度的完美结合，更加硬化
激光熔化和搅拌摩擦处理（FSP）（Morisada et al.，2009）	激光熔化金属粉末的快速成型技术，能直接成型出接近完全致密度的金属零件；FSP 以摩擦热作为热源，用机械加工的方法实现表面强化，是一种新型优质、绿色的固态表面强化技术
相转变诱导纳米/超细晶粒钢（Misra et al.，2009）	通过控制亚稳态奥氏体的淬火，得到纳米和超细晶粒优化组合的奥氏体不锈钢微观结构。退火逆反应，纳米/超细晶粒完美结合的马氏体结构
钢计算设计	制定一类新的马氏体不锈钢设计方法。这种方法结合了合金化学、相变温度、冷处理和多级时效，以生产全新的高强度、高韧性不锈钢
金属玻璃晶化	金属玻璃加热到高于结晶温度，晶化处理后得到纳米级微结构。无定形钢也可用于粉末形式生产非晶/纳米复合材料的热喷涂涂层，以提高工程部件磨损和耐腐蚀性
先进 ODS 铁素体和马氏体钢	铁素体或马氏体合金粉末与 Y_2O_3 球磨后，压缩和热挤压获得纳米结构铁合金。合金含有 Y、O 和 Ti 超细簇（纳米簇），可以抗晶粒粗化和防止晶粒生长
机械合金化与固化	机械合金化是通过高能球磨使铁粉和碳粉（或其他合金元素）经受反复地变形、冷焊、破碎，随后通过离子烧结、温压、热等静压处理（HIP）等各种技术固化，使纳米晶/超细颗粒具有优良的机械性能结构
马氏体时效处理和 TRIP 效应相结合（Raabe et al.，2009）	这种方法结合了 TRIP 机制和锰基合金系统的马氏体处理，这种钢含有低碳马氏体基体和金属间化合物（镍、钛、铝、钼）纳米粒子沉积（Rodrigues et al.，2007）
钢表面纳米晶化	钢纳米结构表层可通过各种表面处理技术获得，如超声喷丸和表面机械研磨处理（SMAT）等

制造工艺	概述
通过低温等温转变获得先进贝氏体钢	新一代贝氏体钢的设计采用了详细的贝氏体相变理论反应。贝氏体相变在低温发生，避免了铁或任何置换溶质的扩散。因此，贝氏体非常细长（20~40nm）使钢强度更高
三联钢（TRIPL-EX）	三联钢设计基于 Fe-Mn-C-Al（Al>8%，Mn>19%）。该合金由奥氏体基体和8%铁素体和纳米 K-碳化物规律分布在基体上。三联钢具有低密度、高强度、优良成形性和高能量吸收能力等性能

二、纳米结构钢领域主要企业和产业化现状

结构钢是世界上使用最广泛的工程材料，随着纳米技术在钢铁材料行业的新应用，纳米结构钢的产业化越来越受到强烈关注，已有一些研发机构和公司正进行纳米结构钢领域的研究，并且有些纳米结构钢已进行了产业化。

目前，美国、日本、瑞典的纳米结构钢产业化发展较快，如美国 NanoSteel 公司已产业化多个系列的纳米结构钢。随着新日本制铁公司、瑞典山特维克、美国埃克森、日本 JFE 钢铁等工业巨头的加入，纳米结构钢未来将有更广泛的工业发展空间。此外，美国 QuesTek 创新公司、德国马普钢铁研究所、美国 MMFX 科技公司和剑桥大学等一些新成员也显示出在纳米结构钢领域的创新做法。表 4-2 为纳米结构钢领域主要制造企业及其技术现状，并对美国 NanoSteel 公司、QuesTek 创新公司等企业的纳米结构钢产业化进行分析。

表 4-2　纳米结构钢领域主要制造企业及其技术现状

制造厂家	国别	技术发展现状
NanoSteel 公司	美国	利用金属玻璃晶化开发出纳米结构金属玻璃。该纳米合金用于热喷涂涂层或堆焊涂层，解决磨损、腐蚀、侵蚀等问题
QuesTek 创新公司	美国	基于计算机的材料设计技术，设计高强度和环保耐腐蚀钢
山特维克（Sandvik）材料技术公司	瑞典	"Nanoflex"纳米结构不锈钢
JFE 钢铁公司	日本	用于汽车工业的高强度纳米级碳化物析出硬化热轧钢板，"NANOHITEN"热轧带材钢
川崎钢铁公司	日本	通过热机械沉淀控制工艺（TPCP），非热处理超低碳、铜析出强化贝氏体钢
神钢研究公司（神户制钢）	日本	用于核反应堆燃料包壳管的 ODS 9Cr 马氏体钢
埃克森美孚上游研究有限公司	美国	与新日本制铁公司和三井物产株式会社合作生产天然气输运的高强度管线钢，比目前使用的管线钢强度高 20%~50%。加拿大 TransCanada 管道公司利用这种纳米钢在-40℃的温度条件下作业
MMFX 科技公司	美国	微米复合物 Fe/Cr/Mn/C 钢具有强韧性、耐蚀性

续表

制造厂家	国别	技术发展现状
新日本制铁公司	日本	各种应用的纳米结构钢：运输和桥梁用途的铜纳米耐疲劳钢，汽车和高层建筑用途的抗延迟断裂高强度钢，纳米尺寸分散氧化物或硫化物的高韧性钢 "HTUFF"，用于加固汽车轮胎的高强度钢线，用于吊桥和电力电缆线的镀锌钢丝

1. 美国 NanoSteel 公司

美国 NanoSteel 公司（NanoSteel Company，2011）纳米结构钢合金表面技术的工业运用处于世界领先地位，主要开发及销售专利超硬钢（super hard steel，SHS）系列纳米结构合金涂料。SHS 合金的强度达 10GPa 以上，具有优越的抗腐蚀性能、耐磨性能、高硬度和韧性的结合性以及超高的黏合强度（图 4-1，表 4-3）。

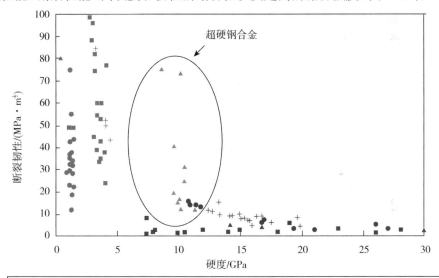

图 4-1　NanoSteel 公司 SHS 合金性能示意图

表 4-3　NanoSteel 公司产业化的 SHS 合金

产品分类	产品型号	主要性能	硬度	工业应用
超音速火焰喷涂（HVOF）	SHS 7170雾化粉	良好的耐磨损、抗冲击、耐腐蚀，与许多材料的黏结性能好	900～1100	刀片、泵配件
	SHS7574雾化粉	高氯、盐雾、浓盐水、海水环境下极耐腐蚀，替代硬铬	975～1075	造纸辊、海洋及近海业、液压缸
	SHS9172雾化粉	高温抗氧化、耐侵蚀、耐腐蚀、耐磨损、耐冲击，替代硬铬	1000～1100	锅炉管、液压缸、汽车业

续表

产品分类	产品型号	主要性能	硬度	工业应用
双丝电弧喷涂（TWAS）	SHS 7170 包芯线	良好的耐磨性和耐腐蚀性，高硬度和韧度，高温耐腐蚀	1025～1150	锅炉管、预拌混凝土
	SHS7174 包芯线	耐磨、抗冲击、耐腐蚀、高温腐蚀和耐硫化	965～1065	循环流化床锅炉
	SHS7570 包芯线	耐磨损，高氯、盐雾、浓盐水和海水环境中耐腐蚀	950～1150	锅炉管、干洗涤器组件、船体破冰
	SHS7700 包芯线	良好的耐磨性和高耐冲击性，不含高成本镍、钨、钼	700～800	工具配件
	SHS8000 包芯线	耐粉煤灰侵蚀的高温环境，优良的耐腐蚀性和耐磨性，优良的黏结强度和高耐冲击性	1064～1234	燃烧炉壁墙、过热器和再热器管组件
	SHS9172 包芯线	耐特殊磨损、耐腐蚀、抗高温腐蚀环境	975～1025	锅炉管、干洗涤器组件
	SHS9570 包芯线	超强韧度、良好的耐磨损、抗冲击、耐腐蚀、不含高成本的钼	850～950	泵零件
等离子转移弧焊（PTAW）	SHS7172 雾化粉	高耐磨、耐冲击性、高韧性、替代成本高的镍、钨硬质合金	64～66	挖掘、岩石破碎机
	SHS7270 雾化粉	高抗冲击性和韧性，最小开裂，替代钴合金，与钨硬质合金基体结合好	54～58	挖掘、岩石输送机、反铲铲斗
	SHS9290 雾化粉	极端耐磨损，高韧性，可替代65%的碳化钨PTAW材料	71～74	挖掘、油砂开采
	SHS9700 雾化粉	良好的耐磨性和抗细颗粒侵蚀的能力，高度精细的微结构，不含高成本的镍、钨、钼	67～69	挖掘、平地机刀片、叶片
气体金属电弧焊/开放式弧焊（GMAW/OAW）	SHS7214 包芯线	耐极端冲击，耐异常磨损，极高韧性，最小开裂，替代钴合金	57～59	挖掘、岩槽
	SHS9192 包芯线	极端耐磨性，高韧性，高容量硬质相，耐高温硬度，替代铬和碳化钨	69～72	挖掘
	SHS9700 包芯线	接近纳米尺度的微结构，超强韧性，优异的耐磨损性，不含高成本的镍、钨、钼	67～70	挖掘、推土机刀片

注：HVOF、TWAS对应硬度为维氏硬度，PTAW、GMAW/OAW对应硬度为洛氏硬度

2. 美国 QuesTek 创新公司

美国 QuesTek 创新公司（QuesTek Innovations LLC，2011）采用低成本、基于计算机的材料设计技术，能够快速研制预先知道结构的创新材料。目前研制的高性能合金材料有铁基合金、铝基合金、镍基合金、钛基合金、铜基合金、钴基合金、铌基合金等，目前已商业化的几种铁基合金材料有 Ferrium S53，Ferrium M54，

Ferrium C61 和 Ferrium C64。这些铁基合金材料都是耐腐蚀、超高强度、高韧度的高品质钢；可替代 300M 和 4340 钢材应用于结构型航空部件等领域；既能够取消有毒的防护涂覆工艺，又能作为结构载体用的高强、高韧耐蚀不锈钢。

3.瑞典山特维克材料技术公司

Nanoflex 是山特维克推出的奥氏体不锈钢新品，超高强度兼良好的成型性、耐腐蚀性和优良的表面光洁度，是轻量型、刚性设计机械应用的理想用材。与铝制和钛制部件相比，高的弹性模量及超高的强度能制造出更薄甚至更轻的部件。良好的极限抗拉强度（1700MPa）和表面性能使该新材料可应用于汽车部件，以替代硬铬低合金钢。尽管具有高硬度（45~58 洛氏硬度），但 Nanoflex 仍表现出优良的成形性能，能够容易地进行如弯曲、切割、车削、研磨等各种冷加工操作。

三、纳米结构钢重要专利技术

纳米结构钢需要以创新的工艺技术为基础，尽管专利可以提供法律保护，但专利的实际保护还存在一定困难。因此，技术开发公司或人员往往倾向于保持商业秘密，而不是依靠专利保护。这一战略有助于避免知识产权冲突，避免其他国家知识产权保护利用自己的技术薄弱。尽管有上述情况，但在世界专利数据库还是有一些关于纳米结构钢的专利（表 4-4）。

表 4-4　纳米结构钢主要专利技术

专利号	标题	专利权人	摘要
US 2008 / 0210344 A1	Precipitation hardenable martensitic stainless steel	瑞典山特维克材料技术公司	高强度、高韧性和优良成型性沉淀硬化铬镍不锈钢。具有非常好的耐腐蚀性，应用于弹簧、手术针、牙科器械等
WO 03 / 018856 A2	Nanocarbide precipitation strengthened ultra-high strength, corrosion resistant structural steels	美国 QuesTek 创新公司	超高强度（抗拉强度>1930MPa）沉淀强化结构钢拥有杰出的耐蚀性与强度。该合金通过纳米尺度 M2C 型碳化物增强。潜在应用包括飞机起落架、恶劣环境中使用的机械和工具
EP 1 461 466 B1	Nano-composite martensitic steels	美国 MMFX 科技公司	具有高强度、韧性和冷成型性钢合金。独特的微结构由错位马氏体之间的奥氏体纳米片组成。具有高耐腐蚀性
US 7527700 B2	High strength hot rolled steel sheet and method for manufacturing the same	日本 JFE 钢铁公司	低碳（0.04%~0.15%）高强度（780MPa）热轧钢板具有优异的延展率。微观结构包括纳米级（20nm）钛钼碳化物。适用于汽车舱加固等

续表

专利号	标题	专利权人	摘要
US 7449074 B2	Process for forming a Nano-crystalline steel sheet	美国 Nano steel 公司	通过合金熔体快速凝固，特别铁基非晶合金形成纳米晶钢。合金拉伸强度在 3.16～6.12GPa
US 6264760 B1	Ultra-high strength, weblable steels with excellent ultra-low temperature toughness	美国埃克森公司、新日本制铁公司	超高强度、韧性优越的可焊钢板，并利用这种钢材制造管线钢。钢材料组成包括纳米沉淀的钒、铌、钼碳化物或碳氮化物

四、结语

纳米结构钢主要应用领域包括国防、航空、医学、体育、石油和天然气行业，以及核能、基础设施、汽车等行业。我国是模具钢的进口大国，特别是高档模具钢全部依赖进口，有的价格比黄金还贵，而纳米结构合金钢可以替代大部分进口的高档模具钢，特别是纳米结构合金钢具有良好的焊接性和焊后无需热处理的高强性，可用于高档模具的修复，其经济效益和社会效益显著。纳米结构合金钢对我国制造业的促进作用也是巨大的。

但纳米结构钢在产业化和具体应用上尚存在一些问题，如系统的理论探讨、工艺装备能力问题、组织均匀性问题、加工性能问题等。这些是纳米结构钢从实验室到商业化必须要扫除的主要障碍。因此，纳米结构钢需要非传统加工方法和专门的机械方法相结合等创新方法来制备，还需要重大投资和应用开发使其产业化和商业化。

第二节　金属合金材料发展趋势

合金是由两种或两种以上的金属与非金属经一定方法所合成的具有金属特性的物质。一般通过熔合成均匀液体和凝固而得。根据组成元素的数目，可分为二元合金、三元合金和多元合金。根据结构的不同，合金主要类型包括：①混合物合金（共熔混合物），当液态合金凝固时构成合金的各组分分别结晶而成的合金，如焊锡、铋镉合金等；②固熔体合金，当液态合金凝固时形成固溶体的合金，如金银合金等；③金属互化物合金，各组分相互形成化合物的合金，如铜、锌组成的黄铜（β-黄铜、γ-黄铜和 ε-黄铜）。除此之外，近年来逐步兴起的一种新型合金——大块金属玻璃（BMG），是一种具有较低冷却速度极限的非晶态金属。

一、轻质合金材料

轻质合金主要包括镁合金、镍合金等。镁合金广泛应用于航空、航天、交通工具、3C 产品、纺织和印刷行业等。但是普通镁合金的机械、耐蚀、耐高温性能较低，从而限制了其应用范围。国外对稀土镁合金研究较多的是美国、欧洲、日本及俄罗斯等。稀土镁合金除具有传统镁合金质轻、减振降噪、抗电磁辐射、回收无污染等特点外，还具有耐热耐蚀、高强高韧、阻燃耐磨、易成型加工、抗高温蠕变等综合性能，是目前国际上最先进的新型结构材料，可广泛应用于航空航天、汽车工业、轨道车辆等领域，且以年均 15% 的需求量快速增长。对稀土镁合金的研究已经在汽车、电子、家电、通信、仪表以及航天航空等领域如火如荼地展开。镁合金中加入稀土元素，能大幅提高合金性能，因此成为镁合金材料研究领域的热点。稀土镁合金分类见表 4-5。

表 4-5 稀土镁合金分类

稀土镁合金类型	说明
铸造稀土镁合金	传统镁合金耐热、抗高温蠕变等性能较差，通常只能用于 120℃ 以下的场合，达不到交通工具发动机和传动部件需要耐温 150～200℃、250℃ 甚至更高的要求，从而限制了它的应用。围绕着如何提高铸造镁合金的力学、耐腐蚀、耐高温、蠕变性能等，研究人员对稀土作为镁合金添加剂或合金化元素的作用进行了大量研究
变形镁合金	变形镁合金比铸造镁合金具有更高的强度、更好的塑性。变形镁合金在汽车、电子、电器、航空、航天等领域有着十分广阔的应用前景。近年来，工业发达国家对变形镁合金的研究与开发十分重视，合金牌号和产品规格已开始向系列化和标准化方向发展
快速凝固稀土镁合金	通过快速冷却制备的凝固镁合金，由于大量超过平衡溶度的稀土元素固溶到镁中可以大幅度的降低轴比（c/a），扩展 α-Mg 的固溶区间，激发新的滑移系，从而提高镁合金的塑性变形能力；同时也可提高镁合金微观组织的均匀性，避免局部微电池作用，减轻合金的腐蚀倾向
高强度稀土镁合金	稀土在镁合金中有显著的强化效果，探明稀土元素强韧化的微观机理，发展高强度高韧性稀土镁合金是镁合金研究的一个热点
稀土阻燃镁合金	镁合金在熔炼浇铸过程中容易发生剧烈的氧化燃烧。熔剂保护法、SF_6 等气体保护法和合金化阻燃是常用的阻燃方法。稀土元素有提高镁合金阻燃性能的作用，而且随着稀土加入量的增加而提高。在镁合金中加入 Ca、Be 等元素，可使着火点提高约 200～250℃；Ca 的加入使合金晶粒粗大、力学性能变差，但同时添加适量的 Re 后可减弱这一不良影响

以前稀土镁合金主要应用于航空航天、导弹等军工领域，但随着社会经济发展，现在军工和民用领域均有了较大拓展。在军工方面，以钕为主要添加元素的 ZM6 铸造镁合金已用于直升机减速机匣、歼击机翼肋及 30KW 发电机的转子引线压板等重要零件。QE22A 合金广泛应用于飞机、导弹部件的生产，如美洲虎攻击机的座舱盖骨架、超黄蜂直升机的前起落架外筒和轮毂等。航空航天领域对合

金高温力学性能及合金高温性能的要求使稀土镁合金在此领域应用广泛，如WE43、WE54 广泛应用于新型航空发动机齿轮箱和直升机变速系统中。稀土镁合金在汽车发动机箱体、变速箱壳、舵杆件、气缸盖、支撑柱等部件中也得到越来越广泛的使用。含铍稀土镁合金，着火点较高，在煤炭矿井、天然气及容易燃烧物质接触的部件中可获得广泛应用。在石油化工中，由于镁对燃料、矿物油和碱等具有很高的化学稳定性，故所开发的阻燃耐蚀稀土镁合金可用来制造、保存和运送这类液体的导管、箱体和贮罐。稀土镁合金良好的生物相容性和无毒性有望用作为人工骨接材料，代替现有金属夹具。

稀土镁合金的研究主要集中在利用稀土元素增强镁合金的强韧性、耐腐蚀和抗蠕变性能。再就是研究开发低成本稀土镁合金，因为高强度稀土镁合金中稀土的含量一般较高，所以导致稀土镁合金的价格偏高，不利于镁合金的广泛使用。近几年来在稀土镁合金的研究方面取得了很大的成就，认识到了许多稀土对镁合金性能的影响规律。镁合金的发展与新工艺的应用密不可分，快速凝固、半固态等技术在稀土镁合金领域的应用，为其提高性能、拓宽应用提供了新的途径。在耐热镁合金研究方面，弥散强化出高熔点镁的稀土化合物是耐热镁合金的主要发展方向，而稀土元素趋向于选用价格较低的代替价格昂贵的。

制约镁合金材料发展的瓶颈主要包括以下三点：①镁合金超塑性变形的理论和模型很多，差异很大，所以还没有形成统一的超塑性变形理论，一般认为晶界滑移是镁合金超塑性变形的主要机制，包括原子晶界扩散、位错滑移与攀移、扩散蠕变、液相原子扩散、空洞移动扩散，以及晶粒的移动、旋转和换位等机制；②以往对镁合金超塑性研究多是在低应变速率（$<10^{-4}$/s）条件下进行，生产效率低，其应用范围也仅局限于制造航天航空高性能部件；③镁合金在热加工变形过程中经常因加热温度过高而导致严重氧化、过烧，同时对模具寿命不利。

镍合金是轻质材料发展的一个新热点，世界上最轻材料记录由美国加利福尼亚大学欧文分校、休斯研究实验室实验室和加利福尼亚理工学院的研究人员组成的联合小组保持，该材料为金属镍质地，仅有 0.9mg/cm^3，比聚苯乙烯泡沫塑料还要轻 100 倍。

二、高温合金材料

高温合金按基体元素主要可分为铁基高温合金、镍基高温合金和钴基高温合金等。按制备工艺可分为变形高温合金、铸造高温合金和粉末冶金高温合金等。

按强化方式有固溶强化型、沉淀强化型、氧化物弥散强化型和纤维强化型等。高温合金主要用于制造航空、舰艇和工业用燃气轮机的涡轮叶片、导向叶片、涡轮盘、高压压气机盘和燃烧室等高温部件，还用于制造航天飞行器、火箭发动机、核反应堆、石油化工设备以及煤的转化等能源转换装置。世界上只有美、俄、英、法四国能够自主研发全系列先进航空发动机。中国先进航空发动机主要是从俄罗斯进口，为了打破这一受制于人的窘境，由两院院士师昌绪牵头、组织两院院士提出了《我国航空发动机和燃气轮机工程咨询研究报告》，航空发动机已经列入国家重大科技专项。

高温合金材料制约着空天装备的发展，以航空发动机涡轮叶片为例，在普通生产过程中受到冷变形（磕碰、吹砂、机械加工等），又在高于再结晶温度下停留，叶片会发生再结晶，直接破坏合金的组织形态，会显著降低叶片的疲劳和持久寿命。然而，采用定向凝固技术可以生产具有优良的抗热冲击性能、较长的疲劳寿命、较低的蠕变速率（傅恒志等，2008）和中温塑性的薄壁空心涡轮叶片。常用的定向凝固技术有：发热铸型法（EP）、功率降低法（PD）、高速凝固法（HRS）和高温度梯度液态金属冷却法（LMC）等（表4-6）。

表4-6　定向凝固技术路线比较

定向凝固技术	说明
发热铸型法（EP）	无法调节温度梯度和凝固速度，单向热流条件很难保证，故不适合生产大型优质铸件
功率降低法（PD）	可以获得较大的冷却速度，但是在凝固过程中温度梯度是逐渐减小的，致使所能允许获得的柱状晶区较短，且组织也不够理想，设备相对复杂，且能耗大
高速凝固法（HRS）	HRS由辐射换热来冷却，所能获得的温度梯度和冷却速度都很有限
高温度梯度液态金属冷却法（LMC）	LMC是在HRS的基础上，将抽拉出的铸件部分浸入具有高热导率的高沸点、低熔点、热容量大的液态金属中，形成了一种新的定向凝固技术。这种方法提高了铸件的冷却速度和固液界面的温度梯度，而且在较大的生长速度范围内可使界面前沿的温度梯度保持稳定，结晶在相对稳态下进行，能得到比较长的单向柱晶

资料来源：李雯霞，2009

近半个多世纪以来，航空发动机技术取得了巨大的进步，军用发动机推重比从初期的2～3提高到10～20，这对材料和制造技术的发展提出了更高的要求。航空发动机涡轮叶片（包括涡轮工作叶片和导向叶片）是航空发动机中最关键的部件，也是承受温度载荷最剧烈和工作环境最恶劣的部件之一，在高温下要承受很大、很复杂的应力，因而对其材料的要求极为苛刻（何玉怀和苏彬，2005）。主要国家及地区高温合金研发现状见表4-7。

表 4-7　各国高温合金研发现状

国家及地区	高温合金研究现状
俄罗斯	全俄轻金属研究院研究了同时添加 Sn 和 Zr 来改善 BT22 钛合金的强度和高温蠕变性能，Ti-5Al-5Mo-5V-1Fe-1Cr-1.7Sn-2.5Zr，牌号 BT37。截面尺寸为 150～200mm 的 BT37 合金模锻件和自由锻造的静强度和疲劳强度比 BT3-1 合金高 25%；固溶强化的 BT37 合金的静强度和疲劳强度比金属间化合物强化的高温钛合金高 20%～25%以上（赵永庆，2010）
欧洲	空客公司研发的新型高强高韧近 β 型钛合金 TiAl 合金 Ti55531（Ti-5Al-5V-5Mo-3Cr-1Zr），用于 A380 客机的机翼与挂架的连接装置。Ti-3Al-5Mo-5V-3Cr（Ti3553）用于紧固件，性能优于 Ti3331（Ti-3Al-3V-3Mo-1Zr），比 Ti-3AL-2.5V 高 30%。Ti110（Ti-5.5Al-1.2Mo-1.2V-4Nb-2Fe）用于安东诺夫系列大型运输机，具有优良的焊接性能
美国	Alloy C（Ti-35V-15Cr）（Boyer，1996）阻燃钛，已在 F-22 飞机的 F119 发动机中得到实际应用
英国	Ti-25V-15Cr-2Al-0.2C（Li and Loretto，2001）

与高温镍合金和钛合金相比，TiAl 合金具有更好的温度-比强度综合性能。TiAl 合金的突出优点是高温性能好、抗氧化能力强、抗蠕变性能好、重量轻（密度是镍基高温合金的 1/2），正在成为新一代航空发动机材料，可用于制作压气机高压叶片，燃气涡轮机中的中、低压叶片，压气机定子挡风板，定子机座以及其他形状复杂的大尺寸铸造和锻造零件。这些优点使 TiAl 合金成为未来航空发动机最具竞争力的材料。

我国涡轮叶片用高温合金材料研究始于 20 世纪 50 年代，铁镍基高温合金占有较大比例。虽然研制出了几种耐高温的合金，如可在 950℃工作的红星 11（GH3128）和在 1000℃工作的 GH170（师昌绪和仲增墉，1997），但高温镍基合金与新型的金属间化合物——TiAl 合金相比，在耐高温和比强度方面处于劣势（Buhl，1993；Wang et al.，1992）。

三、储氢合金材料

随着能源危机的加剧，氢能受到普遍重视。储氢合金包括稀土储氢合金、镁基等轻金属储氢合金以及钛基、铁基储氢合金等。稀土储氢合金具有优良的动力学性能和稳定性以及较高的储氢容量，是目前仅有的实现大规模产业化的储氢合金种类，主要应用于镍氢二次电池领域。20 世纪 60 年代末，荷兰飞利浦公司首先发现了具有 $CaCu_5$ 型六方结构的稀土储氢合金 $LaNi_5$、$CeNi_5$。后经近 30 年的研究发展，相对廉价且性能稳定的复合稀土储氢合金 Mm（Ni，Co，Al，Mn）$_5$ 成功应用于商业镍氢二次电池。目前，镍氢二次电池以其高能量密度、长循环寿命、高倍率性能以及环境友好等优点已基本上取代了镍镉二次电池。

目前，研究开发的稀土储氢合金有 AB_5 型、AB_3 型、A_2B_7 型等，其中 AB_3

型、A_2B_7 型称为多相 RMgNi 系储氢合金等。AB_5 型稀土储氢合金是目前商业化镍氢电池普遍采用的负极材料，但目前 AB_5 型储氢合金已接近其理论容量极限。RMgNi 系合金具有更高的储氢容量，但其活化性能、循环寿命等需要进一步提高，是目前稀土储氢合金研究领域的热点（袁华堂等，2012）。

1. 储氢合金材料的制备

稀土储氢合金的制备方法主要有感应熔炼（Zhang et al.，2008）、电弧熔炼（Xiao et al.，2008）、真空磁悬浮熔炼（Miao et al.，2008）、激光烧结（Zhu et al.，2006）、火焰等离子体烧结（Dong et al.，2008）等。以上方法即采用不同的物理方法，对原料造成高温环境，以使原料合金化。由于原料合金化原理的相似性，各种稀土储氢合金均可采用以上方法制备。熔炼是将原料加热使其由固态变为液态；烧结是在低于原料熔点的温度下加热使原料颗粒之间产生相互扩散。从原理上考虑，熔炼的方法在材料组成均一性及结构均一性上要优于烧结方法。在含有镁等高蒸气压组分的稀土储氢合金制备过程中，在高温的环境下，这类组分的蒸气压较高，会导致最终产品中这些高蒸气压组分的含量降低，需要采取一定的措施降低这些组分的挥发。

另外，Yasuda（2010）采用自燃燃烧法，以 La_2O_3、Ni 和 Ca 为原料分别在氢气氛和氩气氛下合成了 $LaNi_5$ 合金，制得的产品与商业产品性能相当。此方法以相对廉价的稀土金属氧化物代替了稀土金属，并且在氢气氛下 600K 即可反应，具有反应迅速、能耗较小的优点，在批量生产方面有一定的优势，如果能适用于组分较复杂的合金，将是一种有前途的制备方法。

2. 储氢合金材料的加工

稀土储氢合金的处理方法有退火和淬火等热处理方法、表面包覆等表面处理方法（表 4-8）。

表 4-8　稀土储氢合金的处理方法

储氢合金材料的加工	研究进展
热处理	张羊换（2008）等通过 XRD 和 SEM 表征发现感应熔铸合金 $LaNi_2$ 相的含量减少，晶粒尺寸减小，材料更加均一。在电化学性质方面，随着快速凝固速度的增加，材料放电容量逐渐减小，循环寿命增加，放电平台先升高后降低并且平台长度缩短
	Li 等（2009）研究了退火对感应熔炼制备（LaPrNdZr）$_{0.83}$Mg$_{0.17}$（NiCoALMn）$_{3.3}$ 合金的结构以及电化学性能的影响
	Huang 等（2012）研究了退火对感应熔炼制备的 $La_{0.7}Mg_{0.3}Ni_{3.2}Co_{0.35-x}Cu_x$（$x=0$，0.05，0.15，0.20）合金的影响，实验得到的最佳退火温度在 1173K 左右

续表

储氢合金材料的加工	研究进展
表面处理	Xiao 等（2008）将电弧熔炼制得的 $La_{0.7}Mg_{0.3}Ni_{2.4}Co_{0.6}$ 合金分别于 KBH_4 溶液、KOH 溶液中处理，混合溶液处理后的材料获得 30 周最大容量保持率 82%，相对未处理材料的 64% 有较大提升
	Williams 等（2009）对商品 AB_5 型储氢合金进行了三步处理：氟化处理、γ-APTES（3-氨丙基三乙氧基硅烷）功能化、化学镀 Pd 处理，处理后的材料相对于未处理材料以及单纯氟化或镀 Pd 处理的材料的抗氧气和水蒸气中毒能力都有很大提高
	Imoto 等（1999）研究了室温下 HCL 水溶液（pH=1.0）酸处理对 Mm（Ni-Co-AL-Mn）$_{4.76}$ 合金性能的影响。经酸浸泡处理后，合金表面比表面积增大，氧化层被溶解，产生富 Ni/Co 层，明显提高了合金的电化学活性

由于 Co 是改进型 AB_5 型储氢合金的重要组分，对合金性能有着重要影响，但 Co 的价格较高，其加入会增加储氢合金的成本，所以寻找高效廉价的 Co 的替代元素也是稀土储氢合金研究领域的一项重要任务，近来成了新的研究热点。

四、形状记忆合金材料

早在 1938 年美国哈佛大学 Greninger 等就在 CuZn 合金中发现了热弹性马氏体，但是直到 1963 年美国海军武器试验室的 BuehLer 等在近等原子比 TiNi 合金中发现了形状记忆效应之后，该类合金才引起人们的广泛关注。随后在 Cu 基、Fe 基合金，甚至在聚合物和陶瓷材料中都发现了类似的形状记忆效应。1996 年 Handley 等发现的 Ni_2MnGa 合金则开启了磁控形状记忆材料研究的大门。

1. 高温形状记忆合金材料

高温形状记忆合金一般是指工作温度在 100℃ 以上的合金体系，主要应用于航空航天领域。随着形状记忆合金在工业领域应用技术的不断成熟，人们已经开始尝试使用形状记忆合金作为飞机发动机热空气出口处的减震降噪装置，在飞机起飞和巡航状态调整引擎排气通道形状，以及改变发动机从低速到高速飞行时进气口的几何形状，通过使用形状记忆材料，致力于研发未来新型变形飞机。

高温形状记忆合金主要有 TiNi 基和 Zr 基。在高温条件下，形状记忆合金发生相变时产生的塑性变形会有所增加，而且会引起奥氏体屈服强度减小，使合金在应力应变诱发马氏体相变之前就有可能发生奥氏体相塑性变形，这些都会降低材料的形状记忆性能。除高温蠕变性能外，高温条件下相的析出也备受关注，如 Ti$_3$Ni$_4$ 相在 300℃上就会时效析出，而长时间在高温环境下使用，析出相尺寸难以控制，导致材料性能极其不稳定。Kim 等（2008）发现 TiNi 薄板在 900℃热处理后，表面氧化使得马氏体相变起始温度降低了 5℃。Nam 等（2003）发现在干燥大气环境下高温热处理，TiNi 材料的相变温度也会因为材料表面氧化而有所升高。

对于 TiNi 基合金，加入 Au、Pt、Pd、Hf、Zr 等元素可以提高材料的相变温度。Ti$_{50}$Ni$_{50-x}$Pd$_x$ 的相变温度可以在室温至 500℃间连续变化，随着 Pd 含量的增加，马氏体相变温度呈抛物线变化，当 Pd 含量为 10%（原子分数，下同）时相变温度最低。相变行为机制方面，Pd 含量高于 10%时材料在降温过程中 B2 相转变为 B19 相，而低于 10%时，B2 相会发生向 B19 或 R 相的转变。此外，热循环同样影响 TiNiPd 合金的相变，Ti$_{50.6}$Pd$_{30}$Ni$_{19.4}$ 在外加预应力下 30 次热循环使相变点升高了 16℃，在无外应力热循环下相变点也升高了 5～10℃。

对于 TiNiPt 合金，当 Pt 含量低于 10%时，马氏体相为 B19 且 Pt 含量对相变温度影响并不明显；当 Pt 含量高于 16%时，马氏体相为 B19，同时马氏体相变温度与 Pt 含量呈线性增长关系。值得注意的是，在 Pt 含量较大的合金中会存在较大的热滞，Rios 等（2005）研究发现 Pt 含量为 30%时材料的相变温度为 600℃，由于相变循环中的高温蠕变，热滞高达 80℃，而 Pt 含量低于 25%时热滞通常小于 20℃。TiNiPt 合金在高温下的氧化机理与 TiNi 合金相同，但由于 Pt 的加入降低了合金中原子总的扩散速率，使得 TiNi 的氧化速率是 TiNiPt 的 4 倍。但在 600℃以上，所有 TiNi 基合金的高温氧化问题都无法忽视。

在 TiNiHf 合金研究中发现，加入 Hf 后 Ni 含量有所降低，（Ti，Hf）$_2$Ni 相的体积分数会有所增加，同时基体中的部分 Ti 被 Hf 取代，导致相变温度升高。Tong 等（2009）研究 Ti$_{49}$Ni$_{51-x}$Hf$_x$（$x=3\sim15$）时发现，随着 Hf 含量的增加相转变温度从 75℃升高到 279℃。Ti$_{36.5}$Ni$_{48.5}$Hf$_{15}$ 合金在 600℃时效处理 150 小时后析出（Ti$_{0.6}$Hf$_{0.4}$）Ni 相。当在 Hf 含量小于 20%时，合金一般是从 B2 相转变为 B19 相，而 Hf 含量为 20%～25%时则形成 B19 马氏体相。Meng 等（2009）掺杂 Cu后发现 Ti$_{36}$Ni$_{49-x}$HF$_{15}$Cu$_x$ 合金的相转变温度随着 Cu 含量的增加逐渐降低，同时马氏体相变和 R 相变明显分开。

对于 Zr 基合金，虽然大部分 Zr 基合金具有 B2 结构，但是能发生可逆马氏体转变的并不多。等原子比 ZrCu 合金的相变温度约在 140℃，ZrRh 的相变温度约为 450℃，热滞分别为 190℃和 200℃。室温下，ZrCu 拉伸应变率小于 0.4%时可以完全可逆回复，应变增大至 0.5%～1.3%时仅有 85%～90%的可逆回复。采用 Co 和 Ni 分别替代 Cu，发现 Co 可以提高基体的热弹性且降低了马氏体转变温度，而 Ni 则提高了转变温度并使马氏体转变成为非热弹性转变。

2. 低温形状记忆合金材料

低温形状记忆合金是指可以在较低温度范围内工作的形状记忆合金，主要用于液化气体分离、压缩控制、低温恒温器自动控制等，尤其令人期待的是将来可能在空间系统中极端条件下的应用。但是目前低温形状记忆合金的研究较少，其中比较有希望应用于低温环境的有 TiNiFe 和 CuAlMn 两种合金。

TiNi 合金中掺杂 Fe 不仅可以大幅降低马氏体相变温度，还可以将 TiNi 合金中的马氏体 B19 相变和 R 相变分离。$Ti_{50}Ni_{47}Fe_3$ 合金热轧后在 900℃真空环境下固溶处理淬火，降温至−49℃首先转变为 R 相，温度继续降低到−110℃时发生马氏体相变。Frenzel 等（2008）发现多步锻造后 $Ti_{50}Ni_{48}Fe_2$ 合金晶粒尺寸可以细化至几十微米。Miyazaki 和 Otsuka（1986）研究了热机械处理和不同 Ni 含量对相转变的影响，发现与析出相比位错阻碍相界面移动的作用更大，同时指出马氏体形成温度的降低可以通过引入位错、析出相和加入第三种元素来实现。Singh和 Alpas（1995）发现 $Ti_{50}Ni_{47}Fe_3$ 合金经 45%冷加工 450℃退火 10 分钟后抗拉强度可以达到 830MPa，延展性提高至 15%。Sushil 等（2010）发现 $Ti_{50}Ni_{47}Fe_3$ 在外加应力下热循环处理可以提高材料 200%～500%的疲劳寿命。

Wang 等（2010）在 TiNiFe 体系中加入 Nd，发现形成了一种新相 Nd_3Ni，得益于这一新相的强化作用，可逆应变可以到达 7.8%。此外，Ni_4Ti_3 的析出会使析出相周围纳米尺度内基体 Ni 含量降低，析出相直接造成基体化学成分不均匀。Xu 等（2000）发现 TiNiFe 在−73℃条件下，当应变率低于 6%时，材料形变可以完全回复。

相比而言，CuAlMn 合金要比 TiNi 基合金价格低廉。$Cu_{71}Al_{17}Mn_{12}$ 合金经过 100℃时效处理后相变温度约为−81℃，随后室温时效处理 1 个月相变温度降低至−160℃，即 CuAlMn 合金的时效效应非常显著。Dutkiecz 等（1996）发现 $Cu_{69.7}Al_{20.8}Mn_{9.5}$ 单晶拉伸，首先产生 γ1′马氏体，板条状马氏体在已形成的马氏体界面处形核，随着应变的增大，继而形成 18R 马氏体。Lu 等（2009）将稀土元素 Ce 掺杂入 CuAlMn 后发现富 Ce 相析出可以极大地细化晶粒。Jiao 等（2010）还发现随着时效温度的升高，$Cu_{82.82}Al_{7.66}Mn_{9.52}$ 合金的形状记忆性能也不断提高。但是 Cu 基合金母相材料的高度有序性和强各向异性导致加工性能较差。

未来形状记忆合金主要发展方向是解决以下四方面问题。

（1）尺寸化效应。随着形状记忆合金越来越多地应用于微型器件智能控制系统，材料的尺寸化效应必将引起重点关注，其中包括纳米丝、纳米薄膜等。

（2）模拟分析。将模拟分析方法应用至形状记忆合金，综合分析预测材料在多种复合外场（温度场、应力场、磁场等）作用下的响应特性。

（3）制备手段多样化。先进材料制备技术如外加超强磁场、快速凝固、粒子辐照、纳米化处理等对材料性能的影响也应引起关注。

（4）低温形状记忆材料研发。随着外空间探索的快速发展，与形状记忆材料相关的低温智能驱动控制器件研发也将会引起人们更多的关注。

五、结语

合金材料能够综合利用起各金属材料成分的优点，满足诸如密度、比强度、比刚度、磁性、耐高温、耐腐蚀、抗震、承受冲击载荷、切削加工性、抛光性等性能要求，在各行各业存在极为广泛的应用。从目前的实际应用来看，轻质合金、高强度合金、高温合金等材料发展势头较为迅猛，但在关键问题上仍存在制约（表 4-9）。

表 4-9　金属合金材料面临的关键问题

合金类型		材料关键问题
结构型	轻质合金	极端条件下材料的使役问题；抗疲劳与寿命预测；建模与仿真
	高强度合金	加工难（如焊接、切削、净化等）；抗疲劳与寿命预测；极端条件下材料的使役问题；建模与仿真
	高温合金	加工难（如焊接、切削、净化等）；微量元素对高温合金性能的影响；损伤行为与寿命预测；建模与仿真
	形状记忆合金	材料的制备；低温形状记忆材料研发；建模与仿真
功能型	磁性合金	如何降低甚至是避免稀土元素的使用
	储氢合金	降低合金释放氢所需加热温度，使其不高于燃料电池工作的温度

合金是一种十分重要的材料，在各个行业领域发挥着关键的作用。毫不夸张地说，合金材料及其加工技术的发展水平往往是衡量一个国家装备制造水平的标尺，甚至可以看做是一个国家综合国力的具体体现。因此美国、日本、欧洲等国家和地区越来越重视合金材料及其加工技术的研究与开发，也取得了不错的进展。

以 2011 年美国、日本、欧洲等国家和地区在新型钛合金、高温合金及其加工技术方面取得的进展为例，在加工技术方面：美国 MAG IAS 等公司推出了低温钛合金加工主轴冷却和刀具中心冷却系统、美国 PSI 公司开发了高速水射流导引激光钻孔工艺、日本牧野公司专为加工中等尺寸钛合金航空部件而设计研发了新型加工中心 T2、三井 Seiki 集团完成了钛合金（Ti5553）5 轴加工中心加工能力和机床特性优化项目等。

高性能刀具设计方面，肯纳公司通过 Beyond Blast 技术提高 3 倍刀具寿命；山高刀具公司设计了新型 CBN170 刀具，寿命提高 40%，切削速度提高 45%。

焊接技术方面，美国汤姆森公司开发了世上最大的线性摩擦焊机 E100，在发动机叶片等关键零部件的加工方面不但缩短生产周期又节约了原材料；美国通用电气公司开发了高功率激光电弧复合焊接（HLAW）系统，在船体焊接过程中大幅提高了效率；美国 Aerojet 公司开发的电子苏焊接工艺可将大量钛合金零部件焊接成一个满足精度要求的整体结构件，简化了装备工艺等。

第五章

交叉前沿材料发展
趋势研究

第一节　材料计算发展趋势

新材料的发展长期以来采用的是通过以经验、半经验为基础的传统"炒菜"式实验来摸索,并给予确认的研究模式。这种模式的效率很低,已经难以适应当前世界各国经济快速发展的需求,而且需耗费大量的资源、能源和人力,非常不经济。材料科学家一直在寻求研究和发展新材料的更快速、更经济、更有效的新途径。凝聚态物理的多体相互作用模型及理论的重大进展、计算物理学科和方法体系的建立、计算机科学和技术的飞速进步等,使得对材料的结构进行计算预测及其性能模拟计算日益成为必要和可能。

计算材料学的内涵可以概括为:根据材料科学和相关科学基本原理,通过模型化与计算实现对材料制备、加工、结构、性能和服役表现等参量或过程的定量描述,理解材料结构与性能和功能之间的关系,引导材料发现发明,缩短材料研制周期,降低材料过程成本。计算材料学主要包括两方面内容:一方面是计算模拟,即从实验数据出发,通过建立数学模型及数值计算,模拟实际过程;另一方面是材料的计算机设计,即直接通过理论模型和计算,预测或设计材料结构与性能。

材料计算与模拟在材料性能设计、节约材料与节能、加快产业化进程中发挥着重要的作用。当前仅仅依靠实验室的实验来进行材料研究已难以满足新材料研究和发展的要求,在计算机虚拟环境下从纳观、微观、介观、宏观尺度对材料进行多层次研究,也可以模拟超高温、超高压等极端环境下的材料服役性能,模拟材料服役条件下的性能演变规律,进行材料性能改善设计。材料计算与模拟一直以来受到各国的重视,特别是美国材料基因组计划的发布又引发了新一轮的研究热潮,引起了众多国家和研究机构的关注。

一、主要国家材料政策分析

1. 美国

美国在材料计算与模拟领域部署了多个大型项目。DOE、NSF、NIST、国防部等多个政府机构都开展了相关的研究计划和项目，并有高级计算科学研究中心、能源前沿研究中心等多个研究机构和基础设施。

2011 年 6 月 24 日，美国总统奥巴马宣布了一项超过 5 亿美元的先进制造业伙伴关系计划，通过政府、高校及企业的合作来强化美国制造业，材料基因组计划（National Science and Technology Council，2011）是上述计划的重要组成部分，投资超过 1 亿美元。材料基因组计划意欲推动材料科学家重视制造环节，并通过搜集众多实验团队以及企业有关新材料的数据、代码、计算工具等，构建专门的数据库实现共享，致力于攻克新材料从实验室到工厂这个放大过程中的问题。材料基因组计划已经开始实施，旨在通过高级科学计算和创新设计工具促进材料开发，建立了 Materials Explorer、Phase Diagram App、Lithium Battery Explorer、Reaction Calculator、Crystal Toolkit、Structure Predictor 等基础数据库，并不断地进行软件升级和数据更新。材料基因组计划试图创造一个材料创新框架，以期抓住材料发展的机遇，重点包括以下三方面内容：①打造材料创新基础；②通过先进材料实现国家目标；③培育下一代材料工作者（图 5-1）。

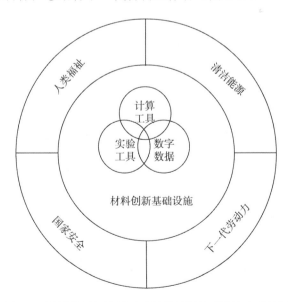

图 5-1　材料基因组计划通过材料创新基础设施实现目标

2012 年 4 月，材料基因组计划在互联网上开设了名为"MGI Forum"的论坛。该论坛由美国矿物、金属和材料学会（TMS）主管，美国陶瓷学会（ACerS）、美国土木工程师学会（ASCE）、美国机械工程师学会（ASME）、材料信息学会（ASM）、材料研究学会（MRS）、美国国家腐蚀工程师协会（NACE）、美国材料与过程工程促进会（SAMPE）等为论坛成员单位。参与该论坛的各个学会将更新各自有关材料基因组计划的活动，包括会议、出版物、培训计划、新闻以及其他公告等。

2012 年 5 月，美国对材料基因组计划做出更多承诺。170 多位来自学界、业界、政界的代表参加了在白宫召开的研讨会议，宣布将进一步推动材料基因组计划。会议的部分关键承诺包括：①超过 60 家机构将建立产业合作关系。超过 60 家企业和大学承诺将通过商业、研究和教学活动推动材料基因组计划。②建立区域合作关系促进相关工作。阿贡国家实验室将与西北大学、芝加哥大学以及地方企业合作，组建新的跨学科团队，以更好地利用阿贡国家实验室的先进材料研究与开发能力。③将开放数百万分子数据。哈佛大学承诺将公开披露 700 万种新发现的分子的性质。④丰富教学新工具。欧特克软件公司承诺将向教育界提供 8000 种材料的制造技术和资料库，这将完善它们在先进材料方面教育资源的开放获取。⑤预测纳米材料性质。10 所参加了国家纳米技术倡议的联邦机构宣布了一项新的"签名倡议"，以激励纳米材料建模、模拟工具和数据库的开发，这些都将有助于对纳米材料特殊性质的预测（Wadia，2012b）。

2012 年 11 月，美国材料信息学会创立了计算材料数据网络。该网络在起步阶段将由管理与技术咨询公司 Nexight Group 负责数据收集、发布、管理等事物。该网络当前正在组织专家团队对加工过程中的材料数据、航空结构材料数据、国家材料研究数据库等的小规模试验项目进行调研（ASM International，2012a）。该网络将组建由材料科学与工程领域专家组成的咨询团队，团队成员主要来自NIST、美国材料信息学会、NASA 马歇尔太空飞行中心、Thermo-Calc 软件公司、空军研究实验室、普惠公司、Granta Design 公司、剑桥大学、普惠发动机公司等。团队将提供技术建议、经验洞悉、推广支持、关键评论等，以保证该网络成为产业界和研究界有价值的资源（ASM International，2012b）。

1）DOE

DOE 主导的"材料和化学计算创新项目"（computational materials and chemistry for innovation）重点关注 7 个研究方向（ORNL，2010），分别为：①极端条件材料；②化学反应；③薄膜、表面和界面；④自组装与软物质；⑤强关联电子系统和复杂材料、超导、铁电、磁材料；⑥电子动力学、激发态、光捕获材料和工艺；⑦分离和流体工艺等。主要参与机构有洛斯阿拉莫斯国家实验室、阿贡国家实验室、橡树岭国家实验室、桑迪亚国家实验室、西北太平洋国家实验室、密歇根大学、爱荷华州立大学、加利福尼亚大学伯克利分校、加利福尼亚大学戴维斯分校、范德比尔特大学、赖斯大学等。

始于 2001 年的 DOE "高级计算科学发现项目"（scientific discovery through advanced computing，SciDAC）（SciDAC，2012）项目，是开发新一代科学模拟计算机的综合计划。在新材料设计、未来能源资源开发、全球环境变化研究、改进环境净化方法以及微观物理和宏观物理方面的研究方面发挥了重要作用。

2009 年 8 月，DOE 提供 3.77 亿美元在全国各大学、国家实验室、非盈利组织、私营企业建立 46 个能源前沿研究中心，旨在利用纳米技术、高强度光源、中子散射源、超级计算机及其他先进仪器方面的最新发展，解决太阳能、生物燃料、交通运输、能源效率、电力存储和传输、洁净煤和碳捕获与封存，以及核能源方面的关键问题。材料计算模拟在该项目中发挥了重要作用（DOE，2012e）。

2）NSF

NSF "21 世纪科学与工程网络基础设施框架"（cyber infrastructure framework for 21st century science and engineering）（NSF，2012b）旨在开发和部署综合的、集成的、可持续的、安全的网络基础设施，加快计算和数据密集型科学与工程的研究和教育，解决复杂科学和社会问题。主要的研究方向包括数据驱动的科学、研究网络社区、新的计算基础设施、网络基础设施访问和链接，另外还包括两个优先发展的关键领域，纳米技术、纳米制造、材料科学、数学和统计科学、化学、工程、软件应用等的材料（物质）设计，以及能源、环境、社会等的研究活动。NSF 主导的 "计算纳米技术网络"（network for computation nanotechnology）重点的研究方向包括纳米生物技术与器件的计算和模拟工具、纳米制造计算和模拟软件、纳米工程电子器件模拟等（NSF，2012c）。

2012 年 10 月，在材料基因组计划的总体框架下，NSF 宣布首次为 DMREF 计划投入资金支持。NSF 数学与物理科学部、工程学部总共共 14 个不同的 DMREF 项目设立了 22 笔共计 1200 万美元的资金，支持以下领域的研发：新型轻质刚性聚合物、飞机引擎和电厂用高耐久度多层材料、基于自旋电子学的新数据存储技术、热电转换复合材料、新型玻璃、生物膜材料、特种硬质涂层技术等。DMREF 计划的参与方将与企业合作完成材料基因组计划的主要目标之一是，将新材料从实验室走向市场化原本可能长达 20 年的时间与成本缩减至目前的一半。DMREF

资助项目中有 3 个还得到了 NSF"促进学术界与产业网络关系专款"的联合资助，DMREF 计划的一个关键要素是促进发现材料设计和实验的有效工具和方法，而这需要研究人员与产业合作伙伴就新发现的重大需求和潜在机会进行沟通（NSF，2012a）。

3）NIST

NIST 是美国从事测量科学和标准化领域研究的最大机构，为美国提供了独一无二的测量能力以及测量工具和设施。该研究院的材料计量实验室、纳米科技中心从事针对纳米材料、生物材料和能源材料等先进材料的标准与科学计量研究，并建有参考材料和标准参考数据库。在 2012 年的预算中，纳米产品制造相关的科学计量和标准开发投入达到 952.6 万美元，产业相关新材料的投入达到 1424.2 万美元。在材料基因组计划中，NIST 主导的"先进材料设计"（advanced materials by design）项目将针对标准基础设施、参考数据库和卓越中心的发展，使材料的发现以及优化计算建模和仿真更可靠。

4）美国国防部

美国国家研究委员会早在 2003 年，针对美国国防部对材料与制造研究的需求进行了研究，并推荐将计算材料设计研究作为投资的主要方向。2010 年春季，美国国防部确定了 6 个基础研究子领域用于服务军队，计算材料科学是其中之一。而在材料基因组计划中提出，美国国防部将重点投资计算材料的基础研究和应用研究，提高材料性能满足广泛的国家安全需求，在材料防御系统保持技术优势。陆军研究实验室、海军研究办公室和空军研究实验室将共同进行该项目研究。美国陆军研究实验室材料科学部设有材料设计计划，旨在对材料行为进行预测和控制，并对其性能和稳定性予以优化。计划的一个重点领域是表面和界面工程，另一个重点领域是适合维度下材料的原地和异地分析方法开发。海军研究办公室下属的材料科学与技术部成立有计算材料科学中心，目前针对计算生物物理、计算方法、能源存储、磁性材料、磁性半导体材料、材料机械性能、量子信息、辐射材料、超导材料、界面和表面展开研究。

2012 年 8 月，美国陆军宣布新增拨款 1.2 亿美元用于未来 10 年与约翰·霍普金斯大学、加利福尼亚理工学院、特拉华州立大学、罗格斯大学、犹他州立大学、波士顿大学、伦斯勒理工学院、宾夕法尼亚州立大学、哈佛大学、布朗大学、加利福尼亚大学戴维斯分校以及意大利灵理工大学等 12 所高校在材料科学领域进行基础研究合作。这笔资金将资助两项美国陆军研究实验室与上述 12 所高校组成的两大合作研究联盟。一个联盟的主要负责单位是约翰·霍普金斯大学，主要研究主题是极端动态环境（MEDE）材料，通过建模与仿真研究特定的动态环境（特别是高负荷、高应变速率条件下）材料的使役性能及其加工、合成技术；另一个联盟的主要负责单位是犹他州立大学，研究重点是多尺度跨学科电子材料模型（MSME），开发电化学能源器件、异构变质电子器件以及混合光子器件等先进器件（ARL，2012）。

2012 年 9 月，美国空军选取约翰·霍普金斯大学工程师领导的研究团队设立了一个空天先进结构材料和设计中心，通过开发新型计算和试验方法以支撑下一代军用飞机的研发。这个集成材料建模卓越中心将推进计算集成材料科学和工程计划，关注于数字框架下材料的应用，开发未来飞行器结构和引擎相关的轻质、耐用、高性能器件和组件。除了约翰·霍普金斯大学之外，卓越中心的研究人员还包括来自伊利诺伊大学香槟分校以及加利福尼亚大学圣芭芭拉分校的研究者。这个卓越中心将得到美国空军未来 3 年 300 万美元资助，未来还将继续寻求来自美国空军和其他政府部门以及产业界的资助。新中心将暂时与霍普金斯极端材料研究所（Hopkins Extreme Materials Institute，成立于 2012 年 4 月）共享部分基础设施和研究人员（Hopkins，2012）。

5）其他机构

美国的其他研究机构和基础设施还包括 DOE 的高级计算科学研究中心、能源前沿研究中心、能源科学网、橡树岭国家实验室的国家计算科学中心及 OLCF 领先计算设施、阿贡国家实验室的 ALCF 领先计算设施、劳伦斯伯克利国家实验室的国家能源研究科学计算中心、美国麻省理工学院材料科学与工程院材料科学计算与分析组、北卡罗来纳州立大学、桑迪亚国家实验室、康奈尔大学先进计算中心计算材料研究所等。在该计划下，麻省理工学院 G. Ceder 领导的研究组开展了高通量计算材料设计（materials design with high-throughput computation）等研究。

2. 欧盟及成员国

2011 年，FP7 提出了"加速冶金"（Acc Met）科学计划，致力于高性能合金的研发。AccMet 采用高通量组合材料实验技术，加快发现和优化更高性能的合金配方，将通常需要 5~6 年的研发时间缩短到 1 年以内。AccMet 计划项目的核心理念是为未进行开发的合金配方的合成试验和表征测试提供一个集成的中试设施。其创新之处在于使用了新开发的可自动控制的直接激光沉积技术，这样合金元素粉末的混合物被直接、精确地送入激光的聚焦点，通过激光束加热，沉积在熔池的衬底上，并最终固化形成具有精确化学计量的完全致密合金。

在 AccMet 的基础上，欧盟 2012 年提出了"冶金欧洲"（metallurgy Europe）研究计划（图 5-2），总经费约 1 亿欧元。AccMet 主要集中在合金的设计和模拟方面，升级的"冶金欧洲"研究计划更注重在工业领域的应用。"冶金欧洲"确定了 17 个未来的材料需求和 50 个跨行业的冶金研究主题，课题研究期间为 2012～2022 年。已被确定的 50 个研究主题，在未来几十年中对欧洲工业具有很高的战略和技术价值。这些主题主要包括以下三类：①材料发现；②创新设计、金属加工和优化；③冶金基础理论。研究内容包括理论研发活动、实验、建模、材料表征、性能测试、原型设计和工业规模化等。

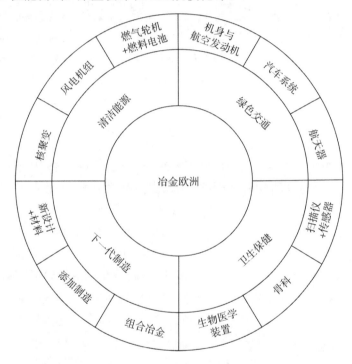

图 5-2   "冶金欧洲"项目概览

FP7 的 NMP 主题研究领域，在其最新工作计划 *Work Programme 2012* 中并没有将材料的计算、模拟等技术单独列出，但是，计划仍然认为，无论纳米科技还是其他材料，表征、设计、建模与模拟等技术对于理解和控制材料性质都非常重要，并在工程纳米粒子的毒性研究、纳米材料的精确合成、多材料复合、自修复材料、高温电厂用先进材料、离岸风涡轮机叶片材料等领域提到了材料的设计和建模概念。

欧洲科学基金会下的"研究网络计划"有关材料模拟的计划有"材料从头计

算模拟先进概念计划"和"生物系统与材料科学的分子模拟计划"。前者致力于开发凝聚态材料在原子层级的"从头计算"计算方法；后者关注开发计算工具，用于了解生物系统以及人工纳米材料的介观结构。

欧盟的研究机构包括英国科学与技术设施委员会计算科学工程部、英国爱丁堡大学凝聚态物理研究组、英国苏塞克斯大学理论化学与计算材料研究组、法国国家科学研究中心、德国马普钢铁研究所等。

英国科学与技术设施委员会计算科学工程部主要研究计算生物学、计算化学、计算工程、计算材料等，在材料性能的计算机模拟方面，重点是第一性原理计算模拟方法，与英国工程和自然科学研究委员会开展了表面界面合作计算项目、全球同步加速器研究理论网络开发方法、平面波赝势方法与高性能计算机等。英国爱丁堡大学凝聚态物理研究组下设统计力学与计算材料物理方向，其主要研究领域有材料缺陷和纳米结构、分子物理、非平衡相变等。英国苏塞克斯大学理论化学与计算材料研究组主要进行富勒烯等大分子的密度泛函模拟、金属离子系统、原子与分子碰撞理论等研究。

法国国家科学研究中心提出位错动力学方法用于实际材料的变形，如疲劳、蠕变等，过程中，对大量位错的自组织结构的形成机制及其对力学性质的影响进行了细致研究，给出整体位错群的结构演化，可同时处理大量位错的集体行为。该方法已成功应用于研究晶体辐射损伤缺陷对材料强度的影响，塑性形变局域化等的形成机制。通过这类位错动力学模型，人们对位错集体行为获得了更深入的了解。

德国马普钢铁研究所在计算材料设计方面的主要研究有：多尺度从头计算，半导体纳米结构电子和光学性能多尺度模拟，金属储氢第一性原理研究，表面和相图中被吸附相的从头计算研究，铁铝合金第一性原理研究，生物钛合金相稳定和机械性能研究，铁结构与磁性的从头计算，铁材料中 C-C 相互作用的第一性原理研究，形状记忆合金温度效应的从头计算研究（MPIE，2012）。

3. 日本

日本的材料计算模拟研究与材料开发相结合的特色突出，日本文部科学省和经济产业省部署了相关的战略和计划。日本国立物质材料研究机构、产业技术综合研究所、东京大学、东北大学等各研究机构均有专门研究中心和团队。

日本文部科学省 2002 年启动了"生产技术先进仿真软件"的开发，目的是在纳米生物技术、能源和环境领域开发出世界一流的软件。研究课题包括：①下一代量子化学模拟；②量子分子相互作用分析；③纳米级器件模拟；④下一代流体动力学模拟；⑤下一代结构分析；⑥问题解决环境平台；⑦中间件高性能计算。

2009 年文部科学省和经济产业省联合推行"分子技术战略",主要研究课题包括电子状态控制、形态结构控制、集成和合成控制、分子离子传输控制、分子变换技术、分子设计与创造技术等(日本科学技术振兴机构研究开发战略中心,2009a)。

"间隙控制材料利用技术"于 2009 年 10 月 26 日起实施。"间隙控制材料设计和利用技术"是日本科学技术未来战略研讨会提议的"间隙控制材料利用技术"计划的重要研究课题(日本科学技术振兴机构研究开发战略中心,2009b)。间隙控制材料设计和利用技术主要有 3 项研究内容:①间隙控制材料设计与合成,优化性能;②间隙技术的实现差距,促进应用;③通用平台技术,观察分析技术、原理。文部科学省"实现能源安全的纳米结构控制材料研究和开发"战略、"柔性、大面积、轻量、薄型器件基础技术研究开发"等项目都涉及材料计算设计和模拟。

日本的主要研究机构包括日本产业技术综合研究所计算科学研究所、日本理化学研究所、日本国立材料科学研究所、东京大学计算材料科学实验室、东北大学材料计算中心等。

日本产业技术综合研究所下设计算科学研究所,主要研究方向有纳米科学与技术的模拟技术、计算机辅助材料设计、能源与环境模拟技术、生物模拟技术、模拟技术基础理论以及集成模拟系统。

日本理化学研究所(RIKEN,2012)设有计算科学研究中心、仁科加速器研究中心、下一代计算科学研究开发机构、下一代超级计算机开发实施部等。计算材料科学中心结合高温钛合金、贵金属耐热合金、超级钢、纳米结构与分子开关等实验研究开展了深入、持续的计算材料设计研究。

日本国立材料科学研究所(NIMS,2012)结合高温钛合金、贵金属耐热合金、超级钢、纳米结构与分子开关等实验研究计划开展了深入、持续的计算材料设计研究。研究所设有计算材料科学中心,主要研究目标是通过计算机模拟分析和预测材料的现象,多尺度分析裂纹扩展,纳米材料的仿真技术,材料超导电性和磁性等现象的理论认识,计算机模拟材料的辐射损伤,晶界和界面的分子动力学研究,材料设计虚拟实验平台系统。涉及金属间化合物、材料的表面/界面科学、纳米材料、材料科学的计算机设计与仿真、分子动力学、新材料的超导性理论、纳米器件材料、超高频波装置、先进的仿真技术、高温超导体、计算机模拟方法、纳米技术材料、热障涂层材料、材料设计系统的显微结构和性能、计算机模拟的微观组织形成等。

东京大学计算材料科学实验室[①],主要研究领域包括计算材料科学、计算材

[①] 东京大学. 2012. 计算材料科学实验室. http://cello.mm.t.u-tokyo.ac.jp/index_e.html [2012-05-29].

料工程、计算凝聚态物理、计算化学等。使用的材料计算方法主要有从头计算、分子动力学和紧束缚方法等。东京大学物性研究所的材料设计与表征研究室也主要进行新材料的设计、合成与表征，主要包括两个研究部门，即材料设计部和材料合成与表征部。

东北大学材料计算中心[①]改进计算精度和新型纳米结构与分子器件设计等方面开展了深入的研究工作。金属材料研究所下设材料设计研究部，有晶体缺陷物理、高纯金属材料、材料计算模拟、核辐射效应及相关材料、核材料科学、核材料工程、电子材料物理、先进电子材料科学等研究组。其中，材料计算模拟研究组由川添（Kawazoe）教授领导，该小组主要进行凝聚态物理、量子化学、材料科学领域软件的开发和应用。

4. 中国

中国科学院和中国工程院于 2011 年年底召开以"材料科学系统工程"为主题的香山科学会议，以师昌绪和徐匡迪为代表的多位院士提出中国应尽快自主建立以高通量材料计算模拟、高通量组合材料实验、材料共享数据库为基础的"材料基因组计划"平台。2012 年 12 月，由中国工程院领衔的"材料科学系统工程发展战略研究——中国版材料基因组计划"重大项目启动。2013 年 11 月 11～12 日，中国科学院"材料基因组计划"咨询项目研讨会在北京召开，与会人员就材料基因组中的高通量计算与材料预测、高通量材料组合设计实验、数据库建立与科学管理和先进物性实验及表征等内容做了专题报告。

5. 比较分析

"材料基因组"的研究受到了包括美国、日本、欧洲等在内的世界主要发达国家及地区的重视，各国纷纷投入巨资加速新材料的设计。美国试图打造全新"环形"开发流程，推动材料科学家重视制造环节，并通过搜集众多实验团队以及企业有关新材料的数据、代码、计算工具等，构建专门的数据库实现共享，致力于攻克新材料从实验室到工厂这个放大过程中的问题。欧洲则认为，在过去 1 万年，对人类的技术进步，相比其他材料，金属和合金贡献最大。加之欧盟历来重视防范原材料的风险，因而此次专注于高性能合金的开发。表 5-1 对比了美国、欧洲和我国正在开展的材料基因组相关研究的一些差异。

---

① 东北大学金属材料研究所. 2012. 研究部门. http://www.imr.tohoku.ac.jp/jpn/research/soshiki/ index.html [2012-06-29].

表 5-1　美欧中材料基因组研究概况对比

维度	美国	欧洲	中国
启动/持续时间	2011 年 6 月启动，长期	加速冶金：2011 年 6 月～2016 年 6 月 冶金欧洲：2012～2022 年	中国工程院：2012 年 12 月启动 中国科学院：推进中
目标	将材料研发周期缩短一倍以上	将通常需要 5～6 年的研发时间缩短到 1 年以内	建立三大工作平台
经费额度	启动时 6300 万美元，现已达数亿美元	加速冶金：0.2 亿欧元 冶金欧洲：1 亿欧元	
主要资助方	DOE、DoD、NSF、NIST 等	FP7、"地平线 2020"计划及成员国相关机构	中国工程院、中国科学院等
研究重点	①打造材料创新基础；②通过先进材料实现国家目标；③培育下一代材料工作者	50 个研究主题，涉及材料发现、创新设计、金属加工和优化、冶金基础理论	高通量材料计算模拟、高通量组合材料实验、材料共享数据库等
实施途径	机构及数据库建设、产业链合作、教育培训等	跨行业的课题研究	

二、计算材料方法研究进展

现代计算方法使得人们能够根据基本原理对材料的结构和性质进行预测。预测工具多种多样，从原子水平到连续体，从热力学模型到属性模型。目前的计算材料方法包括专门用于材料领域基础研究的建模方法以及全面用于材料生产加工过程的建模方法。材料科学、力学、物理学和化学领域的研究人员探索材料"加工-结构-性能"之间关系，这些探索的结果往往纳入复杂的集中于整个材料行为某一方面的建模方法，虽然这些孤立的方法不一定能促进计算材料基础设施的发展，但它们预示着开发计算方法的广阔前景。

计算材料的基本技术挑战是材料的响应和行为，涉及大量的物理现象，准确模型的建立需要在长度和时间尺度上横跨多个数量级。材料响应的长度范围从纳米级的原子到厘米甚至米尺度的产品；时间尺度从原子振动的皮秒到产品使用的几十年。从根本上来说，属性是由电子分布及纳米尺度的原子结合产生，但存在于多种尺度（从纳米到厘米）的缺陷问题有可能决定材料的性质。很显然，单一的方法是很难描述多尺度的现象的。目前，已经开发出了很多材料计算方法，但每一种方法都是针对具体的问题，只适合一定范围的长度与时间尺度。

根据 C. S. Smith（材料科学家，曾任麻省理工学院材料系主任）对材料结构

组织的看法，材料沿空间尺度大体可划分为电子层次、原子层次、微观/介观层次
和连续体（宏观）四个层次。根据材料计算所选取的尺度不同，通常可以分为电
子及原子层次计算（微观层次计算）、微观至介观层次计算，以及介观至宏观层
次计算。模型集成主要采用相关的代码与系统积分，以及神经网络与主成分分析
等工具，具体的方法及对应的软件如表 5-2 所示。

表 5-2　计算层次，典型的计算模式、方法及相关的参数和软件

计算尺度	计算材料模式/方法分类	输入	输出	可用软件
微观层次计算	电子结构方法（密度泛函理论、量子化学）	原子数、质量、振动电子、晶体结构、晶格间距、Wyckoff位置、原子排列	电子性能、弹性常数、自由能与结构及其他参数的关系、激活能、反应途径、缺陷能级与相互作用	VASP，Wien2K，CASTEP，GAMES，Gaussian，a=chem.，SIESTA，DACAPO
	原子模拟（分子动力学、蒙特卡洛积分与模拟方法）	相互作用模式、势能、方法、基准	热力学、反应途径、结构、点缺陷与错位流动性、晶界能与流动性等	CERIU2，LAMMPS，PARADYN，DL-POLY
	热力学方法	自由能数据、电子结构、量热数据、自由能函数拟合材料数据库	相优势图、相分数、多组分相图、自由能	Pandat，ThermoCalc，Fact Sage
微观至介观层次计算	位错动力学	晶体结构、晶格间距、弹性模量、边界条件、流动性法则	应力-应变行为、硬化行为、大小尺度的影响	PARANOID，ParaDis，Dis-dynamics，Micro-Megas
	微观结构进化方法（相位领域、前跟踪方法、波茨模型）	自由能与动能数据（原子迁移率）、界面与晶界能、（各向异性）界面迁移率、弹性常数	加工及服务演化过程中的凝聚态结构、树突状结构及微观结构	OpenPF，MICRESS，DICTRA，3DGG，Rex3D
	微机械及中尺度性质模型（固体力学、相场动力学、有限元分析）	微观结构特点、相与组分的性能	材料的性质，如弹性模量、强度、韧性、应变导热/电性、透气性、蠕变与疲劳行为	OOF，Voronoi Cell，JMatPro，FRANC-3D，ZenCrack，DARWIN
	微观结构成像	光学显微镜图像、电子显微镜图像、X-衍射图像	图像的定量与数字表示	Mimics，IDL，3D Doctor，Amira
	中观尺度结构模型（加工模型）	热加工与应变加工历史数据	微观结构特性（如晶粒尺寸、质地、析出相尺寸）	PrecipiCalc，JMatPro

续表

计算尺度	计算材料模式/方法分类	输入	输出	可用软件
介观至宏观层次计算	有限元分析、有限差分及其他连续模型	零件的几何形状、制造加工参数、部件载荷、材料性能	温度、压力和变形分布;电流;磁学与光学行为	ProCast,MagmaSoft,CAPCAST,DEFORM,LSDyna, Abaqus
模拟化与模型的集成化	代码与系统积分	模块与逻辑集成结构的输入、输出格式;初始输入	优化设计参数;输入变量或各个模块的敏感性	iSIGHT/FIPER,QMD, Phoenix
	统计工具(神经网络、主要成分分析方法)	组成、加工条件、性能	输入、输出之间的相关性;机械性能	SPLUS, MiniTab,SYSTAT, FIPER,PatternMaster,MATLAB,SAS/ST AT

　　尽管已经有很多种材料计算方法,但应用较为广泛的方法主要包括第一原理从头计算法、分子动力学方法、蒙特卡洛方法、相场动力学模型、有限元分析,以及有限差分法等。

　　介观层次上对体系的模拟近年来有较快的发展,这些方法使人们能够定量地描述不同过程中的组织变化的动力学规律,探索不同因素对微观组织形成的作用;宏观层次上的方法已经被广泛用于解决材料工程的实际问题,可为实际工艺的设计提供定量化的指导。具体来说,计算材料在实际应用领域方面主要包括:①进行经验验证;②预测新材料结构和性质;③通过计算模拟研究材料在极端环境下的使役行为;④开发新材料制造工艺等。

1. 经验验证

　　Aust 和 Drickamer 等曾于 1963 年在常压下压缩石墨得到了一种新型碳结构,其具有透明、超高硬度等类似金刚石的特点,但其他特点与金刚石和其他碳同素异形体不相同。2006 年,美国纽约州立大学石溪分校的 Oganov 教授等预测了这种新的"超硬石墨"结构,并将其命名为"M-碳",该研究在当时引发了一系列相关研究,研究者们提出了诸如 F-、O-、P-、R-等一系列以字母开头的碳结构。Oganov 认为,由于形成金刚石所需的能量势垒较高,低温下压缩石墨不足以克服这一能量势垒,但石墨会转变为与较低能量势垒相适应的另一种形式,只要找到石墨转变所需的最低能量势垒,就可建立正确的"超硬石墨"结构模型。2012年,Oganov 教授采用分子动力学方法模拟的方法证实了此前预测的超硬"M-碳"

结构及其性质，并与实验结果完美吻合，证实了"超硬石墨"结构正是早前他提出的"M-碳"结构（Boulfelfel et al.，2012）。

2009 年，美国莱斯大学的 Michael Deem 教授通过蒙特卡洛方法计算发现沸石的种类可能远远超过目前所认识的 200 多种，可能存在的种类约为 270 万种。将所有可能的结构列出需要花费长时间的计算，借助 Zefsa II 软件，研究人员在 NSF 的 TeraGrid 上花费 3 年完成了计算（Deem et al，2009）。

2. 测试新材料的结构和性质

随着欧洲立法对氮氧化物（NO_x）提出越来越严格的浓度限制，寻找新型、可有效捕获、分解 NO_x 的催化剂就显得相对迫切。2012 年，剑桥大学 Stephen Jenkins 率领的研究团队通过电子结构方法 CASTEP，探究了黄铁矿的催化活性。研究人员重点关注了黄铁矿与 NO_x 之间的反应。下一步，研究人员计划将黄铁矿应用于具有战略意义的产业反应过程，如生产肥料用的氨、从可再生生物质中合成碳氢化合物燃料、提取燃料电池电动汽车用的氢等（Sacchi et al.，2012）。

2012 年，德国埃尔兰根-纽伦堡大学的计算机模拟发现了一种被称为石墨炔的材料，这种材料属于石墨烯的"近亲"，二者的不同只在于原子键的类型。石墨烯原子之间为双键连接，石墨炔则存在三键连接，使得石墨炔呈现出不同的几何结构。研究人员经过电子密度泛函理论模拟研究，展示了三种不同类型的石墨炔材料，它们都具有与石墨烯类似的狄拉克锥电子结构，这一研究结构表明，许多其他材料都有可能具有此类电子结构。其中一种矩形对称结构的石墨炔的狄拉克锥并不是完美的锥形，这可能使材料的电导率由电流方向决定。这种石墨炔的另一特征是其中本身就存在导电电子，而无需像普通石墨烯那样需要掺杂非碳原子引入导电电子。这种独特性质使该材料有望在电子器件中得到新的应用（Malko et al.，2012）。

2011 年 2 月，英国布里斯托尔大学（University of Bristol）和澳大利亚国立大学的研究人员利用分子动力学模型研究了 C_{60} 形成凝胶的可能性和稳定性。研究结果表明，C_{60} 在适当条件下能形成凝胶。这意味着碳可以形成金刚石、石墨、石墨烯以及无数的碳六边形等结构物质，除此之外碳也可以是一种凝胶，这种凝胶有一种特殊结构，叫做旋节凝胶（spinodal gel）。研究人员表示这种碳凝胶形成需要 10ns，在室温下稳定，存在时间尺度高达 100ns。研究人员可以模拟，但这类模拟都很难以调整。C_{60} 碳凝胶最终会分裂为水晶和气体，也有可能会更倾向于结晶（Royall，2011）。

2011 年，英国利兹大学和杜伦大学的研究人员开发出一种开发塑料的"配方书"，可以帮助专业人士开发出具有特殊功能和性质的"完美塑料"。研究人员在研究过程中使用了配位聚合物动力学数学模型，这种模型由两部分计算机代码构成，第一部分代码根据聚合物条状分子结构计算出聚合物的流动方式，第二部分则对此类分子可能构成的形状做出预测，研究人员再根据实验室制造合成的"完美塑料"来改进这些模型。这一突破意味着人们能够按照自己意愿制造出更有效的、具有特殊功用的塑料，这对工业和环境都有巨大的利益（Read et al.，2011）。

2009 年，日本东北大学材料研究院 Yoshiyuki Kawazoe 教授领导的研究小组通过"第一性原理"电脑模拟证明除金刚石和石墨以外，还存在第三种碳单质结晶：K4，这是 sp^2 杂化碳的一种三维晶体结构，可以看做是 sp^3 金刚石晶体的孪晶。据称该结晶具有导电性等金属特性，将来有望只利用碳元素制作集成电路。研究小组利用原子间的距离等实际的碳原子数据来进行计算，得到的预测结果是在特定条件下可以稳定地存在（Itoh et al.，2009）。

3. 通过计算材料研究材料在极端环境下的使役行为

为了研究材料在极端环境下的使役行为，除了要兴建价格高昂的实验室，还需要投入大量的时间进行长时间的测试来研究材料的疲劳、老化等问题。计算材料科学可通过计算模拟节省大量的时间与金钱。

目前，飞机制造商越来越增加飞机碳纤维复合材料（CFCs）的使用量，但 CFCs 独特的结构会产生重大缺陷。CFCs 中每层碳纤维的取向不同，使复合材料具有高的电和热各向异性。因此，每层的不同部位都可能会出现雷击损坏，使复合材料难以修复。

2010 年，英国南安普敦大学的研究人员研究了雷击对飞机用 CFCs 造成的潜在损坏影响，以减少损失和维修费用。该校 Golosnoy 博士研究小组与欧洲宇航防务集团（EADS）创新中心（英国）展开为期 3 年的项目，旨在评估雷击对于飞机机身和发动机叶片用 CFCs 的影响。研究人员通过模拟雷击在复合材料上形成的电流和热场，针对雷击对复合材料造成的损害建立了详细的信息，并提出维修和保护的建议，以及研究 CFCs 自身的修复。目前有几种方法来保护复合材料，如在材料表面涂覆一层金属网或薄金属箔层，但这种方法增加了整体重量，意味着涂料和复合材料都会受损，并且还会使修复过程更加复杂。该项目研究主要是研究雷击现象的基础物理学性能，Golosnoy 博士计划开发定性数学模型，预测机身遭受雷击时的行为，并且还将研究复合材料接合处热电性能的参数分析。

（University of Southampton，2010）

4. 开发新材料制造工艺

新材料往往具有特别的物理化学性质，如何对新材料进行加工是摆在工程人员面前的一道难题。计算材料技术能够通过计算机模拟仿真来探索新材料的制造工艺，不但能大幅缩短新材料进入实际应用的周期，还能大幅降低新材料研发所需成本。

2009 年，德国弗劳恩霍夫材料力学研究所（Fraunhofer IWM）的研究人员采用数值模拟方法发现了一种更快实现预测形状记忆合金特征的方法。借助这些模拟，科学家开发包括用于内窥镜检查的极小镊子等应用。在数值模拟模型的帮助下，研究人员能够事先计算出元件最重要的特征，比如它的强度和夹紧力，进而有效地开发和制造这些弹性元件，避免了大规模制作产品原型，从而降低形状记忆合金的生产成本。此外，研究人员可以通过模拟，估计这些现代材料的耐久性（Fraunhofer IWM，2009）。

2012 年，美国威斯康星大学麦迪逊分校通过计算机生成理想模型，通过对不同结构、不同成分的新型金属氧化物材料进行测试，找到了具有独特性能的、正确的材料及其加工工艺。这种通过计算模拟方法找到的新型复合金属氧化物材料只有几个原子厚，具有独特的电、光和磁学性质，有望成为传统的硅基半导体的替代品（University of Wisconsin-Madison，2012）。

三、计算材料技术应用发展

由于计算材料方法能够让科学家更深入地了解材料性质并支撑新材料的研发工作，国外很多企业已经将计算材料方法用于军工装备制造上。例如，2001年美国国防部高级研究规划局（DARPA）的快速插层材料（accelerated insertion of materials，AIM）计划刚启动时，计算材料科学没有进入涡轮发动机设计流中。在随后的一年中，材料行为模组就深入地集成到了设计流中，以实现设计矩阵和响应面生成，第二年材料行为模组就完全集成到了设计流中了。通过这项工作，Pratt & Whitney 公司展示了能够在锻造重量降低 21%的同时，将轮盘破裂速度提高 19%。通用电气公司展示了能够将轮盘合金的开发速度提高 50%。此后 DARPA AIM 的投资计划，ONR/DARPA "D3D" 数字结构联盟成立了，该联盟旨在实现更高保真度的微结构表征和模拟，以对 AIM 计划予以支持（Wilson Center，2012）。

除了通用电气公司、Pratt & Whitney 公司等大型企业之外，很多小型企业也在军工装备上对计算材料方法上进行了尝试。如在美海军小企业创新研究（SBIR）基金的资助下，美国 QuesTek 创新公司采用其材料设计技术，研制成功了世界上第一种结构用不锈钢 Ferrium S53，研究历程见表 5-3。QuesTek 创新公司拥有先进工程工作站和独家计算材料动力学软件平台的建模、设计和研制软件等核心技术优势，公司的计算材料动力学平台整合了材料的基本物理量和有较高水平的模块式材料数据库，如马氏体/贝氏体变化动力学、强度、凝固、晶间凝聚和韧性建模工具，如果对这些机械和模块化的高水平建模工具进行升级改造，则可以应用于其他材料系统。该材料设计技术是为新材料加速挤进政府和工业部门而提出的技术措施，它为快速和经济的评价材料性能提供了潜在的设计选择，从而使项目经理拥有快速确定潜在费用及设计过程中有关研制和将来向上扩展所冒风险的能力。通过对设计的材料进行预先评价，就有可能提前得知材料研制能否成功。利用得到的预先评价结论，就可将有限的资源更有效地配置到可能成功的设计中（文邦伟等，2007）。

表 5-3　Ferrium S53 钢材料研究历程

技术发展阶段	标志	时间
1、2	在战略环境研究与发展计划的资助下，提议探索研究确定计算设计结构不锈钢的可行性	1999 年 4 月 20 日完成
	获得金额为 9.9 万美元的合同 DACA72-99-P-0203 设计的合金制成了原型样品并在 12 个月内申请了专利	1999 年 8 月 17 日～2000 年 8 月 22 日完成
	获得金额为 150 万美元的合同 DACA72-01-C-0030 进行完善设计，开发生产工艺和为验证设计提供试验数据	2001 年 6 月 29 日～2003 年 12 月 31 日
	在 2003 年先进航空航天材料和工艺应用大会上介绍 Ferrium S53	2003 年 6 月 11 日俄亥俄州代顿会议
	由 Hill 空军基地提交 Ferrium S53 详尽的验证和评价环境安全技术证明建议	2003～2006 年
3	原型合金概念验证	2004 年
4	全部主要性能满足标准 技术革新小组由 QuesTek 公司、海军、联合攻击战斗机项目和起落架生产厂组成	2005 年 8 月
5	在模拟环境下性能满足商业标准，完成正式的试验程序	2006 年 10 月
6	起落架部件装配试验，美军标准规范完善	2008 年 10 月
7、8	飞行测试和资格认证	2009 年 12 月
9	飞行效果验证，远期计划中确定合金，定期维修计划中替代原来部件的工程变更规定	2010 年 8 月

除军工领域外，逐步发展成熟的计算材料方法正在商业领域体现出重要价

值。例如，主要用于汽车发动机汽缸缸体和缸盖的铝合金压铸件，对快速开发并制造出高质量的铝合金压铸件提出了较高的要求。传统的制造流程为设计—制造—测试—再设计—制造—再测试，直到产品开发成功。整个过程费力、耗时又昂贵，远不能满足现代制造业的需要。针对此，美国福特汽车公司开发了一套虚拟铝压铸（VAC）设计制造系统，使得样品的设计—制造—测试全流程都可以在电脑上完成，并能进行产品性能的微调优化，使得铝压铸件产品设计周期短、制造效率高、材料特性可控制调节、产品耐久性能可预知，并且节约了以往高昂的制造开发成本费用。福特汽车公司采用虚拟铝压铸技术后节省下大量研发经费。

虚拟铝压铸系统主要采用商业压铸模拟软件 MagmaSoft、ProCast、ABAQUS等搭建起了全制造和测试流程的基础性虚拟框架：压铸模型和热处理（即制造工艺）模型—局部微结构—局部材料性能—材料残余应力分析和产品耐用性预测评估—反馈至制造工艺优化，如图 5-3 所示。另外，还结合子程序 OptCast 以优化不同几何形状的压铸和热处理工艺模型，细化丰富制造工艺参数模型，以期建立起制造工艺模型——对应的局部材料微结构模型。微结构包括从分子态的共晶相、沉淀强化相、枝晶粗化到纳米态的相沉淀再到微孔形成和合金相分离及成分确定。微结构模型的解析和建构过程中，也采用了 MicroMod、Pandat、Dictra、NanoPPT等诸多子程序或现成的相图计算工具,全面反映不同制造工艺尤其是热处理条件对微结构形成的影响，微结构组成和分布对材料的性能特征起着根本决定性的影响，以期更全面地建立起微结构模型—局部材料性能的——对应的数据关系。

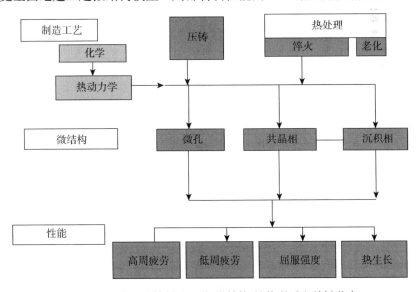

图 5-3 铝合金压铸制造工艺-微结构-性能联系和关键节点

　　铝压铸材料主要性能指标有屈服强度、后处理热生长和耐疲劳特性，虚拟铝压铸分别采用了子程序 LocalYS、LocalTG 和 LocalFS 来解析推导不同微结构导致的这三个性能特征上的差别。为了准确建立材料性能和耐久性之间的联系，首先开发了 QuenchStress 子程序用于分析不同热处理方式下的残余应力，再通过复杂的热机械循环条件下材料应力-应变关系和疲劳响应关系来精准预测材料耐久性。HotStress 子程序被开发出来模拟不同热机械条件下的材料黏弹性，另外集成的 Hotlife 子模块用于模拟材料在各种负载条件下的变化情况。诸多这些子程序都被集成在 ABAQUS 后处理，通过输入材料特性和残余应力变量后，就能预测高周或低周循环、热机械疲劳载荷下的材料耐用寿命。一般的耐久性模型只能根据平均化的材料特性和没有制造工艺变动的条件来预知寿命，而虚拟铝压铸技术的独特之处就在于能预测不同材料特性和制造工艺，如压铸和热处理条件变动下的耐用性。当然这些虚拟压铸制造工艺步骤和结果最终也要得到试验验证，这需要许多创新的试验技术和数据，科学地界定试验条件，并将验证结果集成到系统中。经过试验验证的虚拟制造技术更容易使工程开发应用人员信服和使用。

　　此外，还有其他许多企业和研究机构，包括利弗莫尔软件技术公司、ESI 集团、海军水面作战中心、诺尔斯原子能实验室、丰田中央研发实验室、QuesTek 公司以及波音公司，都采用过将计算材料方法用于整合材料、部件设计以及制造工艺（表 5-4）。

表 5-4　计算材料方法嵌入设计与制造流案例

公司	案例研究	效益
通用电器公司/Pratt&Whitney/波音	快速插入材料（计划）	开发时间减少 50%，测试时间低至 1/8，改善组件性能
诺尔斯原子能实验室（洛克希德马丁公司）/材料设计	核工业高强度合金断裂问题	材料优化
丰田中心研发实验室/材料设计	表面清洁技术/开发紫外线光触媒	降低产品开发时间
QuesTek 创新公司	开发合金材料	降低风险和成本
波音公司	飞机设计和制造	材料认证时间降低 20%～25%
福特汽车公司	虚拟铝铸件	产品开发时间减少 15%～25%，大量的减少产品开发成本，优化产品（投资回报率比 7:1）
伯克利软件技术公司/ESI 集团/福特	在汽车碰撞计算机辅助工程中，利用材料特性计算冲压参数	采用先进的高强度钢体结构，显著节省重量

四、对我国的启示和建议

从国际发展趋势来看,材料设计对先进技术、高端制造以至国民经济的支撑作用将越来越强烈,如原子能应用材料、航空与航天用超高强度材料、高温合金、低温材料、电子信息材料、各种特殊功能材料等。因此,许多国家都加大了材料理论与计算设计方面研究的人力和财力投入,都在争夺该领域某个方面的领先地位和知识产权。计算和模拟对材料研究具有两方面的重要作用:①为高技术新材料研制提供理论基础和优选方案,对新型材料与新技术的发明产生先导性和前瞻性的重大影响;②促进材料科学与工程由定性描述跨入到定量预测阶段,提高材料性能和质量,大幅缩短从研究到应用的周期,对经济发展和国防建设做出重要贡献。尽管我国最近在计算材料研究上取得发展,但其发展仍可能受到技术、文化与其他方面的阻碍,仍然需要各个领域付出很大的努力来克服这些挑战。国外的材料计算与模拟研究进展对我国的启示和建议包括以下几点。

1)为材料计算提供资金资助

材料计算模拟要考虑大型、高性能计算设施,包括软件、应用程序和数据管理工具的开发,以及智能/功能材料、结构材料、电子材料、纳米结构材料、生物材料等数据库的建设。无论对于材料计算的基础研究还是应用研究,都需要充裕的资金作为保障。因此,需要各方加强对这一领域的资金资助,除了资助获得基本材料行为和建模的研究外,还需要可持续地资助跨学科的研究,推进计算材料基础设施的发展。

2)开发计算材料基础设施

材料数据库是计算材料领域的核心要素,必须建设大型、可获取的材料数据库,形成基础研究资源。开发材料计算与模拟工具,有效地将庞大实验数据阵列转换成有用科学认识。建立大型的高级计算设备和中心,形成材料计算研究支撑。开发贯穿材料合成、制造、表征、理论、模拟与仿真等全周期的材料数据库、计算与模拟工具以及大型计算设备,将提高新材料中高级科学发现的能力。

3)建立统一的材料信息分类与提取技术

在国家范围内建立统一的、协商形成的分类方法,为数据库之间的成功协调与连接奠定基础。这样的数据库的管理也需要确保信息的完整性,需要开发快速实验和三维表征技术来有效地评估与筛选材料的属性。

4)支持跨学科领域大型合作项目

材料计算是一个综合的交叉学科,并在多个重要战略领域得到应用,需要鼓励利用各种先进试验设备,开展多学科、跨领域的大型合作项目研究,如利用超级计算机资源展开对能源环境、国防安全、人类健康等重大战略和需求领域的研究。

5）加快计算材料研究的工业化应用，将科技转化为成本优势

计算材料学的价值最终体现在工业应用中，可大幅降低产品的研发设计周期和生产成本。通过材料计算等工具的应用，材料的开发到产业化的周期至少将缩短到 10 年以内。因此，需要鼓励有条件的企业利用材料计算技术，用于对材料以及相关产品的开发和产业化，或与科研院所展开合作，降低生产成本、提高生产效率，提高我国工业产品的国际竞争力。

6）强化计算材料教育

强化教育是提高计算材料研究和产业化应用的基本手段，应在教育方面付出努力，培养熟练教师、培训人员，将整体性、系统性的材料开发方法传授给各学科领域的学生以及工人。

7）借鉴国外经验，加强国际和国内合作

美国在计算材料科学方面一直处于领先水平，在材料基因工程、材料计算创新、计算纳米技术、材料计算在能源领域的应用等都有丰富的工作积累。日本在玻璃、陶瓷、合金钢等材料的数据库、知识库和专家系统方面开展了很多工作。借鉴美国、日本等国家的经验，与美国、日本、欧盟等国家及地区的材料计算与模拟研究机构等建立合作关系，并加强国内研发机构之间的合作，促进我国材料计算和模拟的发展。

第二节　纳米生物传感器发展趋势

生物传感器是对生物物质敏感并将其浓度转换为电信号进行检测的仪器，是由固定化的生物敏感材料作识别元件（包括酶、抗体、抗原、微生物、细胞、组织、核酸等生物活性物质）与适当的理化换能器（如氧电极、光敏管、场效应管、压电晶体等）及信号放大装置构成的分析工具或系统。纳米技术是用单个原子、分子制造物质的科学技术，将纳米技术引入生物传感器领域后，提高了生物传感器的检测性能，并促发了新型的生物传感器。纳米生物传感器是纳米科技与生物传感器的融合，其研究涉及生物技术、信息技术、纳米科学、界面科学等多个重要领域，因而成为国际上的研究前沿和热点（樊春海，2008）。以下主要从纳米管生物传感器、半导体纳米材料生物传感器、光纤纳米生物传感器以及 DNA 纳米生物传感器等几个方面，简介纳米生物传感器在国外的最新研究进展。

一、纳米管生物传感器

纳米管可以保持生物分子的活性和提高分子的固定效率，可以改善生物传感器的性能。碳纳米管有着优异的表面化学性能和良好的电学性能，是制作生物传感器的理想材料。无论是单壁碳纳米管还是多壁碳纳米管在生物传感器中都有应用，如利用碳纳米管改善生物分子的氧化还原可逆性、利用碳纳米管降低氧化还原反应的过电位、利用碳纳米管固定化酶、利用碳纳米管进行直接电子传递、用于药物传递和细胞病理学的研究等。碳纳米管还适用于做原子力显微镜的探针尖，在碳纳米管顶端修饰上酸性基团或碱性基团，就可以作为原子力显微镜针尖来滴定酸性或碱性基团。纳米管羧基化后可以进一步衍生化，实现与酶、抗原/抗体、DNA 等分子的结合，制备出各种生物传感器。

美国斯坦福大学和伊利诺大学科研人员开发出了对过氧化氢敏感的纳米管，当它与葡萄糖接触时，将产生数量可变的过氧化氢，过氧化氢会使纳米管的光学性质发生变化，因此，产生的过氧化氢越多，纳米管在暴露于近红外激光下时所发出的荧光就越强。这种碳纳米生物传感器可监测血液中的葡萄糖水平，使得糖尿病人无须通过手指采血便能够检查自己的血糖水平。美国宇航局艾姆斯研究中心利用碳纳米管技术开发出一种新型生物传感器，可以探测水和食物中极其微量的特殊细菌、病毒、寄生虫等病原体。这种新型生物传感器利用超灵敏的碳纳米管制成，可以探测到含量极低的病原体。美国宾夕法尼亚大学的研究人员实验表明，碳纳米管与柯萨奇腺病毒（coxsackie-adenovirus）受体的共价官能团可作为生物传感器，专门检测腺病毒中的蛋白质。分子动力学实验表明柯萨奇腺病毒受体与碳纳米管键合后仍能保持其生物活性（Johnson et al.，2009）。

日本三美电机公司与北海道大学共同研究开发碳纳米管场效应晶体管（CNT-FET）生物传感器，除了与现行的酶联免疫法（ELISA）相比能以高出 3~4 位数的灵敏度检测出病毒外，还可用作"现场检测"的便携检测工具。日本三美电机公司的 CNT-FET 是将在硅底板上通过 CVD 法形成的直径 1nm 单层碳纳米管作为通道使用。在栅电极上预先附着特定的病毒抗体，病毒抗原接触栅电极时与抗体结合。通过 CNT-FET 的阈值电压变化把此时的栅电位变化检测出来。病毒抗原与抗体结合时的阈值电压的变化量高达数伏，灵敏度非常高。美国伊利诺大学香槟分校研究人员将碳纳米管技术与 DNA 相结合，创造出一种可以探测微量互补性 DNA 的生物传感器，这项工作为新型的基于纳米管的传感和测序技术提供了众多的可能性。

以色列特拉维夫大学的研究人员利用自组装的缩氨酸纳米管制出电化学生物传感器，研究发现这种纳米微管可使现有传感设备灵敏度提高许多倍。该研究主要关键是研发出新方法使特定生物媒介连接上纳米管，将新功能与纳米管原本的特性结合，作为制造先进生物传感器的基础。美国太平洋西北国家实验室的科学家使用静电吸引把敏感的生物分子进行分层，在一根长长的像面条似的聚合物分子的帮助下，使生化酶一层层地自我组装在一根碳纳米管上，形成葡萄糖酶生物传感器。这种传感器可用于超精密的血糖检测。

二、半导体纳米材料生物传感器

纳米半导体除具有纳米材料所共有的特殊性质外，还有其自身的特性，如介电限域效应、催化性质、光吸收以及光电化学特性等，因此，在传感器研制方面显示了广阔的应用前景。半导体纳米线可以被任何可能的化学或生物识别分子所修饰，以一种极度敏感、实时和定量的方式将发生在它表面的化学键合事件转换成纳米线的电导率。研制纳米导线是制造大多数纳米器件和装置的关键。对半导体硅和化学敏感的氧化锡及像氮化镓等发光半导体，都能制成纳米导线。掺硼的硅纳米线已经被用来制作高度敏感、实时监测的传感器，用于检测抗生物素蛋白等生化物质的浓度等。

量子点用于生物传感器的研究近来备受关注。量子点是显示量子尺寸效应的半导体纳米微晶体，其尺寸小于其相应体相半导体的波尔直径，通常在2～20nm。量子点可用于细胞内的检测，相比于传统的荧光分子，量子点有三个主要的优点：量子点的发光波长可以简单地通过调节其直径的大小而改变，这对应用非常重要；另外，量子点的发光波长比较窄，效率较高；更为重要的是，量子点没有光漂白效应。这三个优点使量子点在生物分子探针和生物传感器领域具有巨大的应用潜力。目前，关键的问题在于如何对量子点表面进行有效的生化修饰。印度中央食品技术研究所的研究人员利用 CdTe 量子点制备出的生物荧光探针，可用于食品、环境等目标分析物的高灵敏检测（Chouhan et al.，2009）。

美国耶鲁大学的研究人员利用常规的制备方法制造出基于硅的纳米生物传感器，灵敏度好，该项技术将可以使制造纳米生物传感器和普通电子传感器一样容易，在理论上使纳米传感器可以大量生产。研究人员采用一种良好的晶片和具有缓慢作用的溶剂，使利用传统方法制作出的纳米线更加光滑和精确。研究人员在抗体或者其他生物分子上覆盖了一层直径为 30nm 的纳米线，使其能够捕获特定种类的蛋白质。由于堆积的蛋白质很容易影响通过纳米线的电流，传感器能够探测到这一变化。该传感器不仅能在数秒内探测到 $1mm^3$ 流体中 3 万个自由蛋白质分子，还能通过与抗体结合时释放出的酸来识别免疫细胞。美国南加利福尼亚大学研究人员利用 In_2O_3 纳米线制备出一种纳米生物传感器，并开发一种校准纳米生物传感器反应的分析方法，明显优于利用传统晶体管模型的分析方法，这种方法能更好地抑制设备到设备的变化，可允许使用更多的纳米传感器阵列（Ishikawa et al., 2009）。

日本广岛大学作为以构筑半导体与生物融合技术为目的的研究教育机构，2008 年 5 月创立了"纳米元件与生物融合科学研究所"，推进了"半导体与生物融合集成技术项目"，此次项目力争开发"可吞服生物传感器"，并在 2015 年之前实现"可吞服生物传感器"技术。生物传感器中采用了纳米线场效应晶体管，开发出了使硅和有机材料稳定结合的蛋白质，并使用这种蛋白质试制出利用半导体电路的生物传感器，确认了该生物传感器的基本动作。例如，证实了在硅纳米线场效应晶体管的纳米线上固定这种蛋白质时，随着有机材料的结合可以使电流发生变化，另外还证实，使用基于量子点的浮游栅极型金属氧化物半导体场效应晶体管（MOSFET），可以检测出微弱荧光。

三、光纤纳米生物传感器

随着纳米光纤探针和纳米敏感材料技术逐步成熟，运用纳米光纤探针和纳米级识别元件检测微环境中的生物、化学物质已成为可能，运用这种高度局部化的分析方法，能够监测细胞、亚细胞等微环境中各成分浓度的渐变以及空间分布。光纤纳米生物传感器具有体积微小、灵敏度高、不受电磁场干扰、不需要参比器件等优点，使对单细胞内结构、物质的在体测量成为可能，还有望直接监测发生在细胞核内的分子事件（周李承等，2002）。光纤纳米生物传感器主要有光纤纳米荧光生物传感器、光纤纳米免疫传感器等。

1. 光纤纳米荧光生物传感器

一些蛋白质类生物物质自身能发荧光，另一些本身不能发荧光的生物物质可以通过标记或修饰使其发荧光。基于此，可构成将感受的生物物质的量转换成可用于输出信号的荧光生物传感器。荧光生物传感器测量的荧光信号可以使荧光猝灭，也可以使荧光增强；可测量荧光寿命，也可测量荧光能量转移。光纤纳米荧光生物传感器具有荧光分析特异性强、敏感度高、无需用参比电极、使用简便、体积微小等诸多优点，具有广泛的应用前景。美国杰克逊州立大学的研究人员制备出基于金纳米粒子的、小型化的、超灵敏的、激光诱导荧光光纤生物传感器，用来检测 DNA 分子，荧光信号的出现表明目标 DNA 已检测到，并且几个病原体也可同时检测到。这种便携式传感器在所有重要类别的 DNA 检测中——灵敏度、选择性、成本、易用性和速度——均可得到较好的结果。

2. 光纤纳米免疫传感器

免疫传感器是指用于检测抗原抗体反应的传感器，根据标记与否可分为直接免疫传感器和间接免疫传感器；根据换能器种类的不同，又可分为电化学免疫传感器、光学免疫传感器、质量测量式免疫传感器、热量测量式免疫传感器等。光学免疫传感器是将光学与光子学技术应用于免疫法，利用抗原抗体特异性结合的性质，将感受到的抗原量或抗体量转换成可用光学输出信号的一类传感器，这类传感器将传统的免疫测试法与光学、生物传感技术的优点集于一身，使其鉴定物质具有很高的特异性、敏感性和稳定性。而光纤纳米免疫传感器是在其基础上将敏感部制成纳米级，既保留了光学免疫传感器的诸多优点，又使之能适用于单个细胞的测量。

新加坡南洋理工大学的研究人员构建出一种光纤纳米生物传感器，可成功检测出一般癌症的生物标志物和单细胞水平的端粒酶。这种光纤纳米生物传感器的纳米探针由特定的抗体固定，插入到人乳腺癌 MCF-7 细胞核中直接捕捉端粒酶，然后利用体外酶免疫法获得敏感的单个活细胞检测。这种光纤纳米生物传感器可用于检测单个活细胞内的其他低表达蛋白质（Zheng and Li，2009）。

四、DNA 纳米生物传感器

电化学 DNA 传感器以 DNA 为敏感元件，将 DNA 固定在用作换能器的电极上，并通过电极使与 DNA、核糖核酸、药物、化合物、自由基等相互作用的生物学信号转变成可检测的光、电、声波等物理信号。电化学 DNA 传感器利用单链 DNA 作为敏感元件通过共价键合或化学吸附固定在固体电极表面，加上识别杂交信息的电活性指示剂（称为杂交指示剂）共同构成检测特定基因的装置。其工作原理是，利用固定在电极表面的某一特定序列的单链 DNA（ssDNA）与溶液中的互补序列 DNA 的特异识别作用（分子杂交）形成双链 DNA（dsDNA），借助能识别 ssDNA 和 dsDNA 的杂交指示剂的电化学响应信号的改变来达到检测基因是否存在，从而达到定性的目的。同时，当互补序列 DNA 的浓度发生改变时，指示剂嵌入后的响应信号也会发生响应变化。一定范围内，指示剂的响应信号与待测 DNA 物质的量浓度呈线性关系，从而得以检测基因含量，达到定量的目的（邢茹等，2007）。

美国坦普尔大学研究人员利用基因工程技术研制出生物传感器，一旦发现爆炸物，传感器会发出绿色荧光。利用基因工程技术，先将哺乳动物的嗅觉信号系统引入一种酵母菌株中，然后再将这一嗅觉信号系统与绿色荧光蛋白的表达联系起来。将来这种生物传感器还可用于探测地雷和沙林毒气等致命物质。美国圣地亚国家实验室将自组装纳米晶导入到薄膜内，通过控制纳米晶架构，使之自动组合以包围活细胞，经过基因处理后，能够在感应到特殊毒素时生出荧光。通过最近一次太空试验，研究人员研制出了可以利用活细胞检测到有害化学物和毒素的生物传感器。如果生物传感器能继续有效，就将利用它来开发能用于战场勘测的感应技术。欧洲科学家开发出一种基于 DNA 的转换器，名为 DNA 制动器或分子发电机。这个 DNA 制动器的组成包括一组固定在极小芯片上的 DNA、一个带有磁性的珠子、一个提供动力的生物发动机——通过活的生物细胞三磷腺苷（ATP）所发出的能量提供动力。这些组件在一起工作时能够创造出发电机的效果，然后再转化成电流。最终，安装了这种 DNA 制动器的装置发出电子信号——这些信号再被传送给计算机。于是，这个 DNA 制动器就通过电子信号，将生物世界和硅元件世界联系在一起。除了能在计算机上使用外，这个 DNA 制动器还能用于毒素的快速检测。此外，它还可用于生化防卫，作为一种生物传感器探测空气中是否存在病原体。

将寡核苷配体作为"生物识别元件"用于生物传感器近来受到强烈关注。寡核苷配体生物传感器已被成功用于多种检测技术中，如"石英晶体微平衡"（QCM）与"表面等离子振子共振"（SPR）就是两种被广泛应用的传导和测定非标记寡核苷配体的技术。美国开发出的一种寡核苷配体传感器是由两种寡核苷配体组成的"三明治构型"，并利用"阻抗光谱法"来测定寡核苷与免疫球蛋白 E 的敏感反应。由于寡核苷分子能产生可测定的对应于被分析物信号变化，故寡核苷配体可作为电化学法的"信号灯"。用"二茂铁"标记的寡核苷配体信号灯生物传感器可用于测定凝血酶，而以电化学寡核苷配体为主要成分的"信号灯"可用于检测血样中的可卡因成分。

比利时鲁汶大学研究人员利用纳米交叉阵列制备出一种新型蛋白质传感器。该传感器能探测到典型抗体免疫抑制剂蛋白质浓度低于 1ng/ml，且具有较高的选择性，检测重现性好。该传感器检测限也可以通过优化纳米交叉阵列栅 MOSFET 的几何参数改善。这种纳米生物传感器可以很容易地用于其他蛋白质、DNA、病毒和肿瘤标志物的检测（Tang et al.，2009）。

五、结束语

随着纳米技术和生物传感器交叉融合的发展，涌现出越来越多的新型纳米生物传感器，如量子点、DNA、寡核苷配体等纳米生物传感器。这些生物传感器的最显著特点是快速、准确、灵敏，集多功能、便携性、一次性于一身，不仅可以检测细菌、病毒、蛋白质、酶、血糖、有毒有害小分子物质、重金属离子等，甚至该还探寻到原子、分子内部（包括细胞内）进行实时单分子水平分析。但未来的新一代纳米生物传感器也面临着诸多挑战，如更高灵敏度、特异性、生物相容性、集成多种技术、检测方法简化、制备工艺、批量化生产、成本效益等。

纳米生物传感器阵列或多种纳米生物传感器的集成是生物传感器的一个重要发展趋势。分子自组装加工工艺简单可控，可以实现快速复制，而且成本较低，对生物传感器的发展有很重要的促进作用，有利于高灵敏度、低成本、一次性的纳米生物传感器的发展。而生物分子自组装技术更值得关注，因为其天然的生物兼容性、优异的结合性能是生物传感器发展的一个新领域。

纳米生物传感器未来可广泛满足各种医疗诊断、药物发现、病原体检测、食品检测、环境检测、生物反恐和国家安全防御方面的需要。纳米生物传感器未来完全有可能替代当前的一些分析方法，并很可能成为生命科学分析的标准方法。

第六章

中国科学院材料科技新进展

　　中国科学院是我国重要的战略科技力量，在推进我国科技发展、建设创新型国家、促进经济发展方式转变等方面，承担着重要职责。在我国材料科技与新材料研发的整体布局中，中国科学院和大学、国有大型企业材料专业研发部门及企业为三支主体队伍。以下从若干材料类别的角度，介绍近年来中国科学院相关研究所在材料领域取得的新进展。

第一节　金属材料与合金科技进展

一、揭示纳米金属拉伸塑性和变形机制，发现梯度纳米金属兼有高强度和高塑性

　　工程结构材料的理想性能通常是高强度和高韧塑性，然而，强度与韧塑性往往不可兼得。高强材料的塑性往往很差，而具有良好塑性的材料其强度很低。纳米金属材料（即晶粒尺寸在纳米尺度的多晶金属）是一种典型的高强材料，其强度比普通金属高一个量级，但其几乎没有拉伸塑性。如何提高纳米金属的塑性和韧性成为近年来国际材料领域中的一项重大科学难题。中国科学院金属研究所（以下简称金属所）沈阳材料科学国家（联合）实验室卢柯研究组在这一科学难题研究方面取得重要突破。他们发现，梯度纳米（GNG）金属铜既具有极高的屈服强度又具有很高的拉伸塑性变形能力。自表及里晶粒尺寸由十几纳米梯度增大至微米尺度，最外表层 50μm 厚梯度纳米结构的屈服强度高达 660MPa（是粗晶铜的 10 倍）。这种兼备高强度和高拉伸塑性的优异综合性能为发展高性能工程结

构材料开辟了一条全新的道路。该研究成果发表在美国《科学》(*Science*)杂志
(Fang et al., 2011)(图 6-1)。

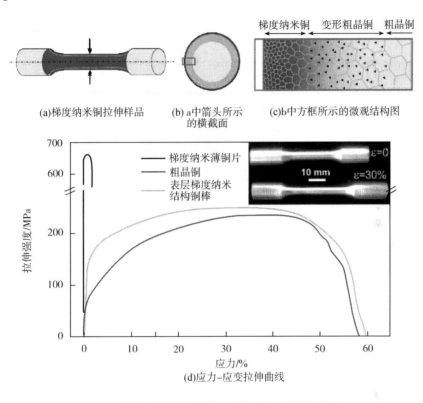

(a)梯度纳米铜拉伸样品　　(b) a中箭头所示
　　　　　　　　　　　　　的横截面　　　(c)b中方框所示的微观结构图

(d)应力-应变拉伸曲线

图 6-1　梯度纳米铜拉伸样品和截面微观结构示意图

二、在纳米孪晶金属中发现位错形核可主导塑性变形过程

美国布朗大学高华健教授研究组、美国阿拉巴马大学魏宇杰教授与金属所沈
阳材料科学国家(联合)实验室卢磊研究员和卢柯研究员合作,利用大规模分子
动力学计算模拟,发现在纳米孪晶金属中的位错形核可主导材料的塑性变形过
程。这项合作研究利用大规模分子动力学模拟(1.4 亿个原子)和位错形核分子
动力学理论研究了纳米孪晶结构金属材料的变形机理,发现当孪晶片层厚度减小
到临界值时出现极值强度,此时由位错塞积和位错穿过孪晶界为主导的传统强化
机制(通常符合 Hall-Petch 关系)将转变为由平行于孪晶界面不全位错的形核和
运动(引起孪晶界迁移)而主导的软化机制。该计算模拟结果成功地解释了纳米

孪晶 Cu 样品中的极值强度和临界孪晶片层厚度的关系，同时进一步表明了该极值强度与晶粒尺寸的依赖关系，即晶粒尺寸越小，临界孪晶片层尺寸也越小，从而材料的极值强度越高。该成果发表于英国《自然》（*Nature*）杂志（Li et al., 2010）（图 6-2）。

图 6-2　大规模分子动力学模拟表明，位错形核可主导塑性变形过程

三、自主研发的 Ti2448 钛合金获美国专利、两类器件完成临床试验

金属所沈阳材料科学国家（联合）实验室工程合金研究部杨锐、郝玉琳等研制的 Ti2448 新型医用钛合金（图 6-3）于 2010 年 5 月 28 日获美国专利授权（US 7，722，805）。另外，采用 Ti2448 合金制作的骨科用接骨板和脊柱固定系统两类植入器件已在数家医院完成临床试验，进入规模应用阶段。Ti2448 钛合金是迄今为止初始杨氏模量最低的钛合金，与人体组织的生物相容性和力学相容性优异，是一种具有人体骨骼仿生特性的新型生物医用金属材料。Ti2448 合金的优异性能部分源于独特的变形机制。以往金属材料的超弹性多数源于应力诱发可逆马氏体相变，在 Ti2448 合金中除观察到马氏体相变以外，在低应力条件下首次观察到以往金属材料中无法实现的位错环的均匀成核和可逆运动。这类新机制赋予 Ti2448 合金较其他钛合金更为优异的生物力学性能和更加显著的多功能特性。

Ti2448 合金及其加工制备方法已于 2007 年获得国家发明专利授权（CN 2004100928 58.1）。2008 年和 2009 年，Ti2448 合金接骨板和脊柱固定系统分别在山东大学附属齐鲁医院、山东省中医院以及中国医科大学附属第一临床医院、吉林大学附属第二临床医院开展了临床试验。目前，两类产品的临床试验已经成功完成。

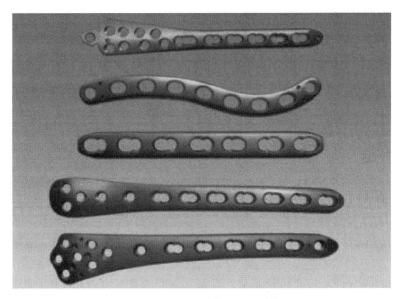

图 6-3　Ti2448 钛合金医用器件

四、低偏析微缺陷大型钢锭及宽厚板坯制备技术开发与产业化

金属研究所李殿中研究团队系统地开展了大型钢锭宏观偏析机理研究，建立了中心缺陷预报判据，开发了低偏析微缺陷大钢锭制备技术。通过解剖分析 0.5 吨、5 吨、10 吨、100 吨级钢锭（图 6-4 和图 6-5）和计算模拟结果，开发了低氧纯净化控制技术，基本消除了真空浇注钢锭的 A 型偏析缺陷；准确预测了大型钢锭中心缩孔疏松缺陷；开发了多梯度稳态热冒口技术，实现了瞬时快速和长久稳态保温。开发的低偏析微缺陷大型钢锭关键制造技术（专利号：201110201539.X）已经在中国第一重型机械集团、鞍钢重型机械有限公司等企业进行应用。其中，中国第一重型机械集团成功浇注了 600 吨级核电低压转子用钢锭，中心碳含量控制在 0.3%±0.03% 之内，满足技术要求，使我国成为继日本之后第二个能够制造600 吨级大型钢锭的国家。

图 6-4　采用低偏析微缺
陷大型钢锭制造技生产的
100 吨 30Ni4MoV 钢锭

图 6-5　在锻造机上进行锻造的宽厚板坯

五、多尺度复合耐磨钢研制及其应用技术开发

金属所张劲松课题组提出利用材料多尺度复合技术，发展不依赖于 Cr、Mo、Ni 及其他稀缺金属，同时能很好实现高耐磨性与高强韧性统一的资源节约型高性能耐磨钢的设想，研制出以高性能泡沫碳化硅陶瓷/铸铁（或普通铸钢）双连续相复合材料为耐磨基元、以高韧性传统高锰钢为约束框架的多尺度复合耐磨钢。多尺度复合耐磨钢是以泡沫碳化硅/铸铁（或普通铸钢）双连续相复合材料为耐磨基元、以高韧性钢框架为约束结构的多尺度复合耐磨钢。该新型耐磨钢不添加任何稀缺金属元素。性能测试结果表明，该材料抗压强度超过 850MPa，冲击韧性超过 $50J/cm^2$，耐磨性能达到高铬铸铁的 7 倍，表现出实现材料高耐磨性与高强韧性理想配合的潜在优势（图 6-6 和图 6-7）。

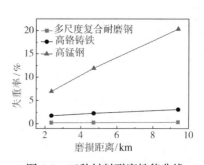

图 6-6　多尺度复合耐磨钢样件

图 6-7　三种材料耐磨性能曲线

六、基于超重力燃烧合成梯度合金材料

中国科学院理化技术研究所（以下简称理化所）发展出具有自主知识产权的超重力燃烧合成材料新技术，该技术具有制备周期短，所制备材料的组分与结构可调控且合成过程几乎无能耗的优点，是一种可用于制备金属、陶瓷、复合材料、功能梯度材料等多种块体新材料的普适性制备技术，有望成为一种快速构建块体材料样品库的实验工具模块，从而填补国际上构建"块体材料样品库"所需的实验工具模块的空白。目前，已通过该技术制备出硬质合金、热沉材料、高熵合金等一系列新材料，建成了大型超重力熔渗设备（超重力系数达5000g）。在大尺寸硬质合金方面，已可制备直径为300mm的大尺寸WC-Ni硬质合金样品，硬度为HRA85，抗弯强度大于700MPa，有望在矫形外科、心血管外科以及骨修复等生物医用材料领域得到应用；在W-Cu材料方面，利用超重力熔渗新技术，可制备出最大直径为200mm的W-Cu梯度块体材料，该材料有望用于制备我国托克马克实验装置和未来聚变能示范堆所需的关键部件。

七、液态金属材料在印刷电子、热管理方面获进展

理化所在印刷电子学方面，利用液态金属材料作为电子墨水，成功研制出室温下直接生成纸基功能电子电路乃至3D机电器件的桌面式自动打印设备原型样机，应用该系统，可在普通的铜版纸上自动打印出电路、天线、RFID等电子器件并实现封装，特别是通过设置各类导电或绝缘类油墨间的层叠组合程序，还可实现3D机电复合系统的直接打印。文章发表在《科学报告》（*Scientific Reports*）上。在先进热管理方面，将低熔点金属及其合金作为相变材料引入到电子散热领域，借助金属材料的蓄冷及固液相变吸热机理，可将电子设备在高负荷运行中产生的热量迅速吸收掉，通过该技术的应用，使手机等移动电子设备中日益严峻的发热问题得以消除，也为各类瞬态高功率电力电子设备的灵巧冷却开辟了一条全新途径。相关工作先后获得国际电子封装领域知名刊物 *ASME Journal of Electronic Packaging* 年度唯一最佳论文奖，被知名刊物 *Journal of Physics D: Applied Physics* 选为封面文章，以及入选北京市重大科技成果转化项目，并获得中国国际工业博览会创新奖及北京市技术金桥奖项目一等奖。

八、合金材料应力腐蚀研究取得重要进展

金属所力学/化学研究组通过在实验室设计了模拟现场划伤的装置，在蒸汽发

生器管 690 合金表面人为制作了与现场宽度和深度相近的表面划伤，然后利用各种显微观察手段和应力腐蚀试验研究，发现了在高温高压水中划伤导致 690 合金发生应力腐蚀开裂的机制：划伤使 690 合金表面发生严重的冷加工，产生畸变的晶界、纳米晶、机械孪晶和高密度位错等微观缺陷。在高温高压水中，由于 690 合金的这些微观缺陷发生择优腐蚀，产生的氧化物在缺陷处塞积，氧化物楔入在缺陷前端产生局部的拉应力，这个局部拉应力是 690 合金发生应力腐蚀开裂的主要原因。研究结果应邀在戈登（GORDON）会议和美国爱达荷（Idaho）国家实验室主办的微纳米定量研究应力腐蚀开裂的 QMN2 和 QMN3 会议上报告，得到国际同行的高度重视。部分研究结果已经发表在腐蚀领域等重要学术期刊 *Electrochimica Acta*，*Corrosion Science* 及《金属学报》上。

第二节　生物医用材料科技进展

一、生物医用材料产业化成果显著

中国科学院长春应用化学研究所（以下简称长春应化所）研发了反应组合组装和不同官能团间耦合反应新技术，以及反应挤出接枝和原位复合新技术，制备了具有抗溶血、凝血和抗蛋白吸附，物理机械性能优良的 α-烯烃共聚物和苯乙烯类共聚物新材料。与传统聚氯乙烯材质的产品相比，新材料制备的产品（图 6-8）各项技术指标均符合国家标准，而且强度、弹性、硬度和透明性等性能优于相应的聚氯乙烯产品。

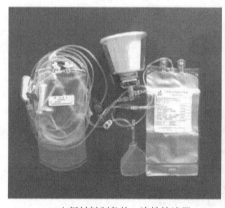
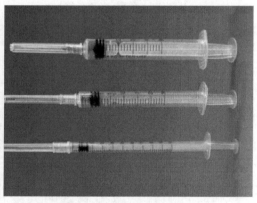

(a)由新材料制备的一次性输液器　　　　　　(b)由新材料制备的一次性注射器

图 6-8　由新材料制备的医用产品

最大的优势在于，不含对人体有危害的增塑剂，对紫杉醇等和脂溶性药物无破坏或吸附作用，确保了治疗效果，对推动我国生物医用材料和医疗产品的研发与应用、保障人们的身体健康具有重大的意义。研究成果获授权中国发明专利 11 项、美国发明专利 1 项，发表 SCI 论文 15 篇，成果在威高集团有限公司转化。2006 年以来累计生产血液和药物输注与储存、介入治疗和各类医用管路等新型耗材 82.29 亿支（套），新增销售额 75.89 亿元，新增利润 10.31 亿元，新增税收 8.25 亿元。国内用户达 5500 多家，其中三级医院 780 多家。该成果获 2012 国家技术发明二等奖。

二、微孔滤膜材料

长春应化所制备出具有亲水特性和抗污染特性的酚酞型聚醚砜系列材料，并利用该材料开发了一套微孔聚醚砜复合膜的生产工艺（图 6-9），并在山东威高集团建立了一条生产线，目前已经能实现批量生产，生产能力可以达到每年 5 万平方米，所制备的复合膜的性能超过美国 PALL 公司的同类产品。该技术申请中国发明专利 2 项。

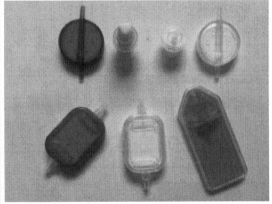

(a)微孔滤膜生产线　　　　　　　(b)微孔滤膜工艺生产的输液组件

图 6-9　微孔滤膜生产工艺

三、骨科材料

基于骨科临床对于创伤引起的巨大骨缺损修复问题，中国科学院深圳先进技术研究院（以下简称先进院）以秦岭教授为首的科研小组通过应用最新的"低温快速成型技术"研发了一种含有成骨活性因子（中药活性单体成分）的可降解骨生物材料，用于骨折后巨大骨缺损的填充。目前，该项目已经获得广东省创新团队及广东省科技厅项目的支持。本项目团队在先进院建立了较为成熟完善的骨生物材料制作平台，拥有相关的大型设备和人员配置，并申请专利1项，发表多篇相关SCI国际期刊。基于团队的前期研发以及成果的影响力，深圳《第一现场》栏目对该团队的支架项目进行了报道，引起了广泛的反响。基于此，深圳岗宏集团吴宏远董事长与先进院就联合开发本项目进行产业化运作，于近期签署了合作协议。双方联合成立产业化公司并以联合实验室的形式对该专项进行重点支持。每年资助100万元经费，连续支持3年。目前，本项目前期的临床前实验已经基本完善，正按照SFDA审批的条件及流程一方面进行公司运作的筹划，另一方面进行产品注相关的各项事宜的准备工作。期望通过3~5年的工作将该产品推向临床。

四、金刚石微纳无痛针透皮给药技术

金刚石是自然界最硬的材料，具有超高的机械强度以及良好的生物兼容性，相对于其他材料，尤其适合于在直径及其细小（纳米级）的情况下有效地刺穿皮肤，并对细胞进行直接的药物传送。目前，先进院功能薄膜材料研究团队发展了一种稳定的反应离子刻蚀技术，可控制蚀刻出金刚石微纳针阵列膜。这些针的长度为微米级，可保证药物被局部传到真皮内，而直径在纳米级从而使得这些针可以直接刺入皮肤真皮细胞内以传递药物而不会对细胞产生不可逆转的破坏。该技术计划结合小干扰核糖核酸药物，有望治疗传统疗法难以治愈的皮肤疾病（图6-10）。该项研究成果已发表在国际期刊（Chen，2013）上，并申请了美国专利（US Patent NO.6，902，716）。

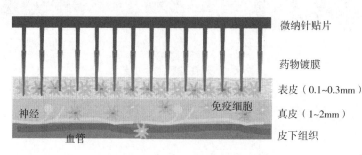

图6-10　金刚石微纳无痛针透皮给药技术

五、新型载药纳米材料

理化所纳米材料可控制备与应用团队长期致力于 SiO_2 材料方面的研究，目前已可实现具有中空和介孔结构的"夹心 SiO_2"纳米颗粒尺寸、外壳厚度、内部空腔大小等性质的精确控制，同时开展了这种新型纳米材料药物负载性能、生物安全性和生物学效应研究。前期，研究团队在 *Acs Nano*、*Biomaterials* 和 *Nanoscale* 上报道了夹心 SiO_2 对恶性肿瘤治疗及其生物安全性评价方面的工作。目前，研究团队在暴露途径对夹心 SiO_2 纳米颗粒的体内动力学方面又取得了新进展，通过将纳米 SiO_2 经口服、皮下、肌肉和静脉注射等暴露途径进入小鼠体内研究其吸收、分布、排泄和毒性，研究结果表明该纳米颗粒具有良好的生物安全性，不会在动物体内造成蓄积，为纳米材料的生物应用提供了重要的毒理学依据。

第三节　环保材料科技进展

一、豆粕聚氨酯泡沫塑料

中国科学院青岛生物能源与过程研究所（以下简称青岛能源所）采用豆粕为原料，通过对豆粕的高效活化改性和结构泡沫的制备技术制备了可用于管道保温、喷涂保温及缓冲包装用的豆粕聚氨酯泡沫塑料。不仅能有效地降低聚氨酯泡沫的生产成本，实现豆粕的高效利用及高附加值的产品开发，有效缓解当前豆粕利用率低、产品过剩的问题，同时能解决通用聚氨酯泡沫不可降解、成本高、依赖石油等缺陷，所生产的豆粕聚氨酯泡沫塑料具有相当的环境友好性。目前已完成豆粕聚氨酯泡沫塑料的中试放大实验，制备的豆粕聚氨酯（图 6-11 和图 6-12）。

图 6-11　豆粕聚氨酯包装

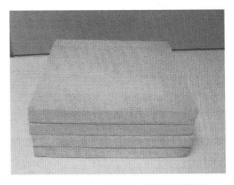

图 6-12　豆粕聚氨酯保温用样品

泡沫性能与通用聚氨酯泡沫持平，阻燃性能好（氧指数达 32.5），可节成本 1000~1500 元/吨，并已取得国家化学建材检测中心合格的检测报告。该项目前已申请国家发明专利 3 项（ZL201000266708.3，ZL200910249810.X，CN102633973A），发表 SCI 论文 1 篇（Mu et al., 2012）。

二、分子筛膜

中国科学院宁波材料技术与工程研究所（以下简称宁波材料所）膜分离工程与技术研究团队利用有机硅烷 APTES 的氨基和金属有机框架 ZIF-90 的醛基容易发生缩胺反应的特性，创造性地采用有机硅烷对制备的 ZIF-90 膜进行功能化修饰，开发出了具有优异选择透氢性能的 ZIF-90 膜，在氢气纯化和分离方面展现了很好的应用前景。研究表明，通过 APTES 功能化修饰，既可以大大提高 ZIF-90 膜的分离选择性，同时又保持了较高的渗透性。与未经 APTES 修饰的 ZIF-90 膜相比，在渗透性保持不变的条件下，分离选择性提高了 5~7 倍。这是因为，一方面 APTES 的氨基非常容易与 ZIF-90 的醛基发生反应，有利于减少缺陷，提高分离选择性；另一方面 APTES 分子有较大的动力学直径，这样可以避免在共价修饰的时候进入并堵塞 ZIF-90 膜的孔道，因而保持了较高的渗透性。该工作为制备具有优异分离性能的气体筛分膜提供了新的研究思路。研究结果发表在《应用化学》（Huang，2012）。

三、可循环回用的环保处理纳米材料的制备、污染物作用机制及应用

中国科学院福建物质结构研究所（以下简称福建物构所）利用表界面调控的手段，通过对吸附 CrO_4^{2-} 的 $Mg(OH)_2$ 实现相变，有效分离六价铬与镁盐，并在企业进行中试示范线的建设及完善；针对低浓度 CrO_4^{2-} 废水，以 CO_2 为矿化剂，探讨了镁基纳米材料在聚集诱导的相变过程中与低浓度 CrO_4^{2-} 的脱吸附和分离规律，并将此 CO_2 矿化方案拓展到镁基插层纳米材料对电镀废水的 10 公斤级小试实验。利用纳米材料快速生长机制，揭示含锡电镀污泥中纳米 SnO_2 的选择性回收规律和初步工艺路线，并首次对纳米粒子生长中的尺寸突变这种新颖的晶体生长机制给出了合理的微观动力学解释。探明了 $Mg(OH)_2$ 对含有低浓度铀离子的模拟水溶液的吸附热力学和动力学规律，通过促进纳米吸附剂快速生长的办法实现了铀的完全脱附和至少 40 倍的浓缩富集；基于静电吸附，探讨了 $Mg(OH)_2$

和掺铜 ZnS 微纳复合结构在低浓印染废水中选择性提取阴阳离子型染料的机理、污染物的浓缩效率及材料循环回用相关的基础科学问题。相关成果在 *Journal of the American Chemical Society*（JACS）、*Nanoscale* 等刊物上发表 SCI 论文 11 篇，申请国家发明专利 7 项（其中 2 项为国际专利），专利成果获得 2012 年福建省专利二等奖。

四、二氧化碳基塑料

长春应化所 2004 年与蒙西集团合作建成了世界上第一条具有完全自主产权的年产千吨级 CO_2 共聚物生产线（图 6-13）。近年来，科研人员突破了制约 CO_2 基塑料连续生产的稀土催化剂活性保持、连续共聚合、聚合物改性等关键技术，开发出高效、稳定、低成本的稀土组合和载体化催化剂；开发了万吨级 CO_2 基塑料的生产技术、低锌含量的聚合物后处理技术，聚合物中重金属含量达到了美国生物降解塑料协会的要求；基于氢键相互作用原理实现了 CO_2 基塑料的增韧和增强，改性后的 CO_2 基塑料薄膜达到高密度聚乙烯薄膜的水平，并通过了美国 BPI 认证。现已申报国际专利 3 项，中国发明专利 30 余项，授权国内发明专利 17 项。

图 6-13　应化所与浙江台州邦丰塑料公司合作建设的万吨级 CO_2 基塑料生产线

五、聚乳酸产业化

长春应化所在聚乳酸的研究中申请和获权中国发明专利 20 余项，并与浙江海正集团公司合作，在 2008 年建成了每年 5000 吨的示范生产线（图 6-14），实现了稳定生产。近年来，针对具体的设备和工艺问题进行了攻关，获得了 5 万吨生产技术工艺包。浙江海正生物材料股份有限公司通过海正集团与该所多年合作研究所取得的科技成果，开创了聚乳酸新材料生产的核心业务，本体聚合工艺达到国际先进水平，并建有配套的塑料研究所，目前该公司已开发成功 9 种纯树脂牌号及 11 个品种的改性 PLA 树脂牌号，初步满足客户的不同需求，产品已经通过美国 FDA 登记注册、日本 JHOSPA 证书、BMG 生物降解试验、欧洲 EN13432标准、韩国 ECO-MARK 认证、NON-GMO 证书、2002/72/EC 欧洲食品安全检测、REACH 预注册，并完成了聚乳酸国标的制定。

图 6-14　5000 吨/年聚乳酸树脂工业示范线

第四节　新能源材料科技进展

一、纤维素基动力电池隔膜材料

纤维素基动力电池隔膜是青岛能源所利用具有自主知识产权熔喷与湿法耦

合等技术，以纤维素为原料，以耐温聚合物及功能组份制取复合动力电池隔膜。该高安全性纤维素基动力隔膜具有优异的耐热性、高的电解液浸润性和吸液率、良好的电化学稳定性、较低的成本和易产业化等优点。已在隔膜材料制备方面发表 SCI 文章 3 篇，在核心技术和核心设备方面授权专利 3 项（ZL201110147715.6，ZL201110147725.X，ZL201220602823.8），该技术已经被百度百科作为生物能源的最新科研进展。纤维素基动力隔膜的创新包括材料创新、复合成型方法创新和设计理念创新等三个方面。目前，国内没有相关产品报道，国外只有日本几家跨国公司正在同期研发。该纤维素隔膜的研发将推进我国锂动力电池战略性新兴产业的快速健康发展，使我国在动力电池关键材料技术的核心关键技术占领制高点，取得集成创新与产业化应用。

二、大容量 NaS 储能电池性能和成本达到商业化水平

上海硅酸盐所大容量 NaS 储能电池（图 6-15）性能和成本达到商业化水平。单电池核心参数达到日本永木精机公司（NGK）的水平，系统成本从每千瓦 5 万元降至每千瓦 2 万元，基本建成 5MW 生产线，单体电池 D-120 型产品定型生产。"大容量储能用钠硫电池关键材料及电池的量化制造技术"获 2012 年上海市技术发明一等奖。

图 6-15　NaS 电池模块

三、新型锂电池材料及其产品的研发

福建物构所开展了硫酸丙烯酯等新型锂电池电解液添加剂的合成新方法、新工艺的研究。建成每年 20 吨的各种新型锂电池电解液添加剂工业化生产线。通过液相混合技术制备了磷酸铁锂，建成每年 30 吨的示范生产线。采用混合、分散球磨、预烧、煅烧的方法制备钛酸锂，产品 D90<1.0μm、pH 为 10.12、振实密度 1.2g/cm³、0.2C 放电容量 167mA·h/g、首轮充放电效率 99.0%。近几年共申请中国发明专利 23 项，获授权发明专利 2 项；发表 SCI 论文 3 篇；"新型高效锂离子电池电解液添加剂的研制与产业化"成果获得 2010 年度福建省科技进步三等奖。

四、铜基化合物光伏材料制备设备及工艺研发

深圳先进院自主开发出一整套"铜铟镓硒薄膜太阳能电池共蒸发-磁控溅射生长系统"，将整个铜铟镓硒太阳能电池的制备工艺整合到一起，电脑程序化控制，实现玻璃衬底进样，太阳能电池出样的生产线模拟，缩短基础科研装备与产业装备的距离。正在进行 2MW 铜铟镓硒太阳能电池中试产线的开发工作，可实现 400mm×600mm 高效铜铟镓硒太阳能电池的生产。这条中试线是世界上首次采用三步法结合在线监测的工艺模式的系统，可以显著提高产品的成品率。成功开发出符合产业化生产需求的铜铟镓硒薄膜制备工艺。目前，电池原片最高效率达到 19.08%，处于国内领先、国际先进水平，被 2012 年 11 月 22 日《科技日报》头版报道。

五、高性能"声子液体–电子晶体"新型热电材料体系

中国科学院上海硅酸盐研究所（以下简称上硅酸盐所）在新热电化合物的设计与探索方面，创新性提出在固态材料中引入"类液态"的离子，突破了晶格热导率在晶态材料中的限制，发现了具有"声子液体-电子晶体"特征、不同于传统热电化合物的新型热电材料体系，拓展了热电材料的设计理念，在具有简单化学式、小晶胞和轻元素构成的 $Cu_{2-x}Se$ 化合物中实现了高热电性能（图 6-16 和图 6-17），相关研究成果发表于 *Nature Materials*。"几类典型热电材料的高性能化及其微观结构调控机理"项目针对三维笼状和层状化合物、氧化物等典型热电材料体系，通过多层次微观结构设计，引入电子与声子输运的选择性散射机制与散射

单元，实现了一系列材料体系热电性能的大幅提升；获 2012 年上海市自然科学一等奖。

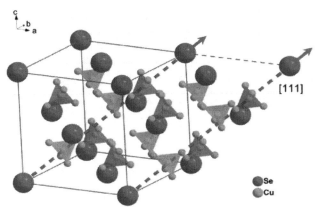

图 6-16　$Cu_{2-x}Se$ 化合物结构示意图

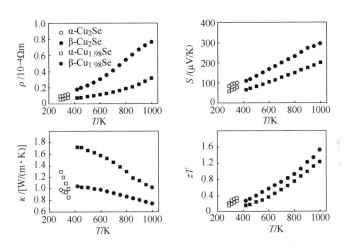

图 6-17　$Cu_{2-x}Se$ 低温相（α）和高温相（β）热电性能

注：横坐标 T 为开氏温度；纵坐标 ρ 为电阻率的温度依赖性，S 为热电，κ 为热导率，zT 为材料优值

第五节　半导体材料科技进展

一、高性能大功率 LED 外延、芯片及应用集成技术

中国科学院半导体研究所（以下简称半导体所）在 LED 领域拥有国际独创

性的自主知识产权技术，有效地解决了我国在高性能大功率 LED 领域核心专利缺失的关键问题，以实现高性能、高可靠性大功率 LED 为目标，围绕半导体照明用 LED 的衬底、外延、芯片及封装应用等技术领域，沿着结构—器件—性能—产品应用这一研究主线，建立了完善的技术发明创新体系，有效解决了从基础研究、前沿技术、应用技术到产业化示范半导体照明全产业链的关键技术，重点突破核心器件发光效率和可靠性两大技术瓶颈，在低热阻倒装背孔结构 LED、复合光学膜、垂直结构 LED 技术、纳米图形衬底制备及其外延技术、自支撑氮化镓衬底 LED 技术、基于深紫外 LED 的新型半导体照明技术及创新应用、驱动及多功能应用方面取得了创新点，获得了包括两项美国授权发明专利在内的多项授权专利，LED 的综合性能指标达到同类领先水平，实现了发光效率大于 120lm/W 的产业化技术。高性能大功率 LEDs 外延、芯片及应用集成技术获得 2012 年北京市科学技术奖一等奖。

半导体所在国内最早开展了 GaN 基微电子材料和器件的研究工作，通过自主创新，突破了 2 英寸 GaN 基高频大功率微电子材料设计、外延生长的关键科学技术。该成果获得授权国家发明专利 14 项，强有力地支撑了新一代核心电子器件和电路的研究和发展，加速了 GaN 基高频大功率电子材料和器件、电路的实用化进程，为 GaN 基电子材料和高频大功率器件和电路的实用化以及宽禁带半导体科学技术的持续跨越发展打下了坚实基础。

二、高效、低成本室内照明 LED 关键材料与技术研发

福建物构所在封装材料研发方面，解决了高热导率、高反射率复合陶瓷制备的关键技术，获得热导率达到 33.7W/(m·K)，可见光区平均反射率 90.6%，耐电击穿性大于 4kV/mm 的复合陶瓷材料，使封装光源热阻降至 4.6℃/W；同时研制出替代 YAG 荧光粉的新一代荧光材料——透明荧光陶瓷，该陶瓷具有出光效率高、散射损耗低、热导率高、稳定性好的特点，使用该陶瓷封装的 MCOB 组件获得了 261lm/W 的光效。在芯片制备方面，研发出了无 In 透明导电材料 ZnO:Al 以及 AZO 表面粗化技术，与常规的 ITO 透明电极相比，芯片光辐射效率提升 19.8%。在 LED 封装方面，采用高反射率的复合陶瓷材料为封装基板，应用新型结构封装技术，在全色温段（CCT: 2700K–6000K）和高显色指数条件下，光效分别达到 149lm/W（Ra=94.3）、169lm/W（Ra=84.6）。在 LED 整灯方面，应用新型 MCOB 封装方式，有效降低 LED 灯具制造成本，实现了 LED 球泡灯成本少于 35 元/1000lm。近几年共申请了发明专利 16 项，授权发明专利 1 项、实用新型专

利 4 项；牵头制定了福建省地方标准《室内照明用双端直管型 LED 灯（DB35/T1273-2012）》；在国内外核心期刊上发表论文 20 篇，其中 SCI 论文 19 篇；建成了福建省 LED 研发设计与检测服务中心。科研成果在福建省万邦光电科技有限公司实现产业化，产品的总体技术达到国际领先水平。

三、埋容中试生产线应用埋容的 PCB 基板

深圳先进院在埋容中试生产线应用埋容的 PCB 基板方面（图 6-18），自主开发高介电功能材料，结合埋容制作工艺与配套电子浆料涂布设备的开发，掌握从配方、工艺、设备到器件仿真设计的成套技术。利用化学法制备了形状和尺寸可控的 Ag、Cu、Ni、Fe_3O_4、$BaTiO_3$ 等高分散性纳米粉体；探索利用磁控溅射在铜箔上沉积埋入式电阻的工艺；开发了介电常数 20 左右的埋容材料，其各项性能指标已达到或优于国外同类产品。为实现埋容材料的产业化，自主设计了高精度大面积涂布复合设备，并于 2011 年 9 月初完成该设备的安装，进入埋容材料的中试阶段，预期可实现宽度 600mm，长度方向连续涂布和复合的埋容材料的制作。团队成员开发的具有自主知识产权的埋入式电容与成套工艺，已经初步完成了中试放大生产，产品已在合作单位——深南电路生产线上通过验证，产品性能稳定，有望可以完全替代国外同类产品。埋入式电容材料实现了埋容厚度范围在 4～22μm 的大面积涂布和制作；对于含有导电填料的渗流型复合介质材料，电容密度可达到 $300nF/cm^2$ 以上。制备了稳定均匀的高介电复合电介质浆料。埋感材料和埋阻材料利用纳米镍锌铁氧体制备了复合电介质浆料和磁性薄膜，仿真设计了二维埋入式电感并制作了 100nH 产品原型。采用电化学技术和磁控溅射的技术制备 Ni 基合金薄膜埋阻材料。用电化学技术制备的埋阻材料经第三方测试达到了公差 5% 以下。

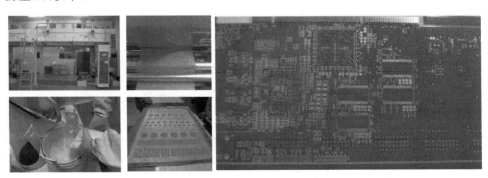

图 6-18　器件埋入基板技术

四、硅通孔绝缘材料

深圳先进院开发旋转涂布加工工艺制备聚合物材料并应用于 3D-TSV 硅通孔绝缘层（图 6-19），解决无机 SiO_2 薄膜绝缘层的高应力、易开裂和高成本等问题。通过酚醛树脂等一系列树脂的功能化改性以及配方优化，已经完成了硅通孔绝缘层材料的实验室技术开发，其样品的物理化学性质达到合作企业的工艺要求。为了研究实验室开发的绝缘层材料在硅通孔互联技术中的集成应用，已经建设了一条实验室小型加工工艺线，包括行星式重力搅拌机、旋涂仪、UV 固化仪、热固化仪、切片机等一些必备设备。通过研究该材料在硅通孔三维立体结构内旋转涂布加工工艺，以及光固化和热固化的工艺参数，满足器件对硅通孔绝缘层提出的可靠性要求，实现绝缘层材料在三维互联加工中的标准化。硅通孔结构中绝缘层材料加工成型后如图 6-19 所示。实验室开发的硅通孔绝缘层材料是我国目前唯一一款用于 TSV 互联技术的聚合物绝缘层材料，材料性能达到国外同类产品水平，打破我国大规模集成电路高端电子材料完全依赖进口局面，全面提升我国半导体产业水平。

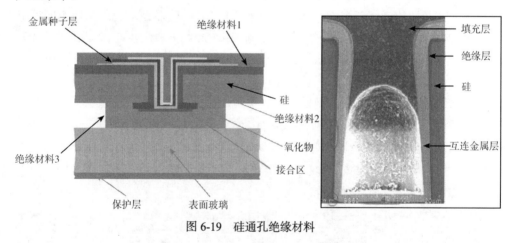

图 6-19　硅通孔绝缘材料

第六节　复合材料科技进展

一、纤维复合材料的制造及其应用

中国科学院上海有机化学研究所（以下简称上海有机所）自主研发了室温黏

度为 200mPa·s，室温固化、固化树脂冲击韧性高达 35kJ/m^2 的环氧树脂。利用研发的环氧树脂，制造了其中面积最大的车顶盖和异型结构较复杂的左右翼子板和前保险杠。项目研究过程中，创新地提出了树脂超声脱泡技术、纤维表面沟槽化促进树脂导流技术。深入研究了复合材料的泡沫夹芯加工、真空导入和树脂转移模塑技术，并将这些技术用于航空集装箱、电动汽车电池承载箱和动力赛艇的制造。所获得的制件与传统成型工艺相比，表面光洁度、力学性能等有大幅提高。上海有机所创新地将纤维增强的复合材料成型技术应用于秦始皇兵马俑考古现场临时加固工程，利用天然纤维和临时加固剂的双重作用，使弱脆性的彩绘兵马俑残片得以有效提取。同时，将该技术和相关保护材料应用提取唐代墓室壁画，成功实现了珍贵文物的抢救性保护。该项技术获得国家发明专利授权，受到了文物部门的高度评价。在此基础上，研发出梯度保护材料，形成了分别可在室温脱除和在较高温度脱除的加固材料体系，已成功用于浙江良渚文化遗址中易碎文物的临时加固（图 6-20 和图 6-21）。

图 6-20　应用于汽车部件

图 6-21　应用于文物保护

二、介孔基复合材料设计合成、非均相催化性能与应用探索

上海硅酸盐所开展介孔基复合纳米材料的设计、合成与催化性能的研究，创

新性地提出了以介孔材料为主体，在孔道内装载不同形式客体材料来制备介孔主客体纳米复合材料以及功能性内核/介孔外壳的核壳结构的设计思想，发现复合材料具有优异的催化性能。担载少量贵金属微粒的介孔氧化锆（铈）复合材料应用于汽车尾气三效催化并获得成功（图 6-22 和图 6-23）。该项目研究成果对设计发展纳米尺度复合材料以及材料在催化等领域中应用等具有理论和实际意义。发表研究论文 120 篇，八篇代表性论文他引 720 次，单篇最高他引 190 次，获专利授权 8 项，荣获国家自然科学奖二等奖。

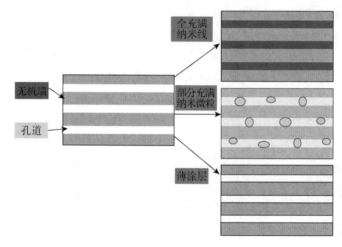

图 6-22　在介孔孔道中装载客体材料的设计思路

图 6-23　介孔氧化锆（铈）纳米复合材料金属载体上的涂覆与封装

第七节　晶体材料科技进展

一、非线性光学晶体材料

在紫外晶体方面，理化所在国际上率先取得大尺寸 LBO 晶体生长的突破，生长出世界最大重量 3870g 和尺寸 240mm×160mm×110mm 的 LBO 晶体，可加工出 150mm×150mm×15mm 的器件，为激光聚变驱动器提供了新的技术路线，推动超快超强激光技术的发展，并有望在大功率激光显示器方面实现应用。在短波紫外晶体方面，建立了 CBO 和 LCB 晶体生长技术体系，实现了 CBO 晶体 355nm 激光 32W 连续 5 小时的稳定输出，LCB 晶体三倍频也获得 31.6W 的 355nm 激光输出。在中远红外晶体方面理化所已生长出 $\varphi15mm×20mm$ 的高质量 $BaGa_4Se_7$ 晶体，已实现 MW 级中红外激光输出。在深紫外晶体方面，理化所进一步完善了"局域自发成核熔盐生长"专有技术，提高了 KBBF 晶体生长稳定性，形成了 KBBF 晶体及器件小批量生产能力；完成了 KBBF 晶体性能及应用的综合评估，确认其为深紫外波段综合性能最优的非线性光学晶体；利用研制的 KBBF 晶体制备出的棱镜耦合器件实现了 100MW 深紫外 177.3nm 输出，并进一步应用于光电子能谱仪、光发射电子显微镜等 8 种国际首创的先进科学仪器，做出了一批国际领先的研究成果。

二、非线性和激光晶体材料研发和工程化研究

福建物构所突破低成本 Nd:YVO4、Nd:GdVO4 激光晶体和 LBO 非线性光学晶体材料与器件工程化技术，实现晶体器件年产 1 万支批量化生产能力，晶体生长、定向、切割、粗磨、精抛和镀膜的综合成品率超过 90%；解决了大尺寸晶体光学均匀性、掺杂浓度的一致性，以及晶体元器件产品的一致性、可靠性、环境适应性问题。生长出厘米量级的紫外低吸收的 YAB 单晶，制备出 YAB 四倍频晶体器件和大尺寸 HGTR-KTP 非线性晶体器件，实现了 YAB 晶体器件瓦级四倍频输出。完成了"硼酸盐非线性光学单晶元件通用技术条件""硼酸盐非线性光学单晶元件质量测试方法"等 4 项国家标准的编制并发布实施；完成了福建省地方标准"抗灰迹磷酸钛氧钾非线性光学单晶元件""中小功率蓝色和绿色固体激光器晶体组件"的编制并发布实施。上述成果荣获 2011 年度国家科技进步奖二等奖、2007 年度福建省科技进步奖一等奖、2010 年度福建省标准贡献奖一等奖等。

第八节　稀土材料科技进展

一、用于均相 FRET 检测的纳米稀土荧光生物标记材料的研制

福建物构所研制了一类新颖的稀土发光纳米材料，巧妙地将时间分辨技术和荧

光共振能量传递检测方法相结合，实现了对亲和素等蛋白的高效均相/异相检测，检测灵敏度达 74pM，有望开发出一类新型的高灵敏生物检测试剂盒。研制出一种集"上转换+下转换+磁共振成像"于一体的多功能荧光标记材料，实现了 Eu^{3+} 离子双模式发光，可成为一类有应用前景的磁/光双模标记材料。开发了基于稀土掺杂的半导体纳米荧光标记材料的专利技术，实现了 Er^{3+} 离子的单一位置体相掺杂和基质敏化的 Er^{3+} 离子的 1.53mm 近红外发射，定量确定了 Er^{3+} 离子在 TiO_2 纳米晶中的晶体场参数，为材料后续开发提供了稀土光谱理论指导。项目研究成果已在 *Angewandte Chemie. International Edition*、*Advanced Materials*、*Small* 等国际期刊上发表 SCI 论文 19 篇。

二、新颖热电材料研究取得新进展

福建物构所开展新颖结构三元及四元过渡金属、稀土金属化合物的最佳合成路线、工艺、晶体结构、热电性能等方面进行研究，阐述目标化合物的晶体结构规律，深入研究合成所得化合物中主族元素-过渡金属-稀土金属的成键作用，探讨碱金属或碱土金属的极性键作用及其对化合物晶体结构的选择和稳定作用，并在此基础上提出这些新颖化合物的成键规律、电子结构与晶体结构之间的关系，指导高转化效率的新颖热电材料。目前，已发现近 10 种新颖结构类型，近 50 种新颖三元、四元新颖热电化合物，其中两种新颖化合物的热电优值超过 1.0。在国际核心期刊上发表了 10 多篇论文，申请了 3 件国家发明专利。

三、稀土交流 LED 发光材料

长春应化所研发出具有自主知识产权发光余辉寿命可控的新型稀土 LED 发光材料，从源头上解决交流 LED 频闪的瓶颈问题，其发光余辉寿命与交流电频率匹配，这样当 LED 芯片不发光时发光粉仍然发光，就可以弥补交流 LED 电流波动导致的频闪。此种方法充分利用了发光材料的寿命特性，将其与交流供电周期性相结合，利用具有特定寿命的发光材料弥补了交流供电带给芯片的发光波动性，从而使交流 LED 照明光源在交流周期的光输出保持稳定，并成功地应用到交流 LED 照明产品中，使我国成为国际上唯一掌握通过稀土荧光粉生产交流 LED 产品的国家（图 6-24 和图 6-25）。本成果已获得多项中国发明专利授权，国际专利已在日本、澳大利亚和俄罗斯授权，在知识产权上具有首创性。2012 年荣获英国工程技术学会（IET）"能源创新"和"建筑环境"两项提名奖，2013 年获澳大利亚金袋鼠创新奖。

图 6-24　交流 LED 材料

图 6-25　交流 LED 产品

四、稀土异戊橡胶

长春应化所是我国最早开展合成橡胶研发的单位之一，具有雄厚的科研积累和技术、人才等优势。多年来，与中国石油锦州石化公司、独山子石化公司和吉林石化公司合作，在稀土催化合成橡胶生产技术方面取得了系列重要进展（图6-26）。在稀土异戊橡胶方面，2011 年 3 月，该所与山东神驰石化有限公司合作开展"3 万吨稀土异戊橡胶工业生产新技术"的开发，开发出高活性、高顺式定向性、低成本、分子量及其分布可控的稀土催化体系，开拓出先进的聚合、凝聚和后处理工程技术，形成了具有我国自主知识产权的稀土异戊橡胶工业化成套生产技术，并在万吨级生产装置上一次投料试车成功，开创了我国万吨级异戊橡胶生产装置建设周期最短，一次试车一次成功的先河。2013 年，稀土异戊橡胶工业化产品首次以 50%替代天然橡胶成功应用于全钢载重子午线轮胎。

图 6-26　稀土异戊橡胶轮胎

第九节　化工材料科技进展

一、生物基戊二醇技术

青岛能源所绿色化学催化团队以农林废弃物为原料，通过绿色的原料预处理工艺、碳水化合物水解工艺、催化氢解反应工艺，实现小宗高附加值精细化学品戊二醇的公斤级小试生产。木质纤维素中天然存在的 C5（五碳糖）结构单元，可以一步水解得到糠醛，然后在高效加氢-氢解催化剂的作用下得到 1，2-戊二醇或 1，5-戊二醇。该过程工艺具有原料绿色、转化过程工艺绿色、条件温和、无大量酸碱腐蚀等优点。该项目前已申请国家发明专利 8 项、发表 SCI 论文 7 篇。

二、生物基异戊二烯合成关键技术

青岛能源所以可再生的生物资源为原料，成功合成了异戊二烯（图 6-27），已形成若干具有我国自主知识产权的关键技术。相关技术指标高于国外相关已有研究指标，小试工艺研究获得的生物基异戊二烯品质优良，纯度大于99%，达到聚合级异戊二烯要求，小试样品已成功合成生物聚异戊橡胶。合成成本与化石基异戊二烯处于同一水平，经济可行。原料来源于可再生生物资源，不依赖石油资源，且生产过程绿色环保。在 *Bioresource Technol* 等国际期刊发表 SCI 论文 7 篇，占国际已有生物基异戊二烯发表论文的 1/3。专利方面，在全球生物异戊二烯专利排名前 10 中，该所是专利权人中唯一的中国机构（排名第5）。

(a)高纯度（99.6%）生物异戊二烯样品

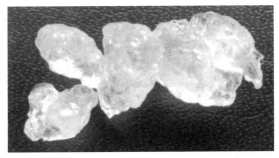
(b)聚异戊二烯样品

图6-27 生物基异戊二烯

三、高性能聚烯烃材料制备的关键科学、技术与应用

从"十五"开始，上海有机所针对高性能聚烯烃催化剂的设计制备及应用开展工作，并成功发明了一系列制备工艺简单、高效并结构可控的新型单中心催化剂（图6-28）。该系列催化剂活性高、稳定性好，而且易于实现乙烯与α-烯烃、环烯烃、含羟基、羧基等官能团的末端烯烃的共聚合。该系列催化剂技术已经申请了20多项中国发明专利、3项PCT专利，其中10余项中国发明专利和1项美国发明专利、1项欧洲专利已经获得授权，具有完全自主知识产权。经过与中国石化扬子石油化工合作，该类催化剂技术已经被成功应用于开发高性能交联聚乙烯管材料。在此基础上，又发展了新一代的单中心Z-N催化剂技术，开发出超高分子量聚乙烯管材、纤维等专用料并完成中试试验。下游加工企业的挤出试验证明其加工性能优良，速度提高3倍以上，可节省40%以上能耗。

(a)UHMWPE纤维　　　　(b)UHMWPE板材　　　　(c)UHMWPE专用料

图6-28 高性能聚烯烃催化剂

四、大桥基础钢管桩耐久性防护技术

金属所材料耐久性防护及工程化项目组结合多年海洋工程材料重腐蚀防护技术的研究成果，对杭州湾跨海大桥桥梁基础钢管桩防腐方案提出了"以高性能复合涂层为主，辅以可更换牺牲阳极的综合腐蚀防护方案"来解决跨海大桥钢管桩的腐蚀控制难题，即采用高性能环氧涂层+阴极保护+预留腐蚀余量的联合防腐方案。为实现复合涂层体系的高效可靠防腐施工实施，研制了目前世界上最大口径的超长钢管涂装生产线，通过高效一次预热将三种高性能粉末按时序分别涂敷在钢管桩外壁不同长度范围内予以重腐蚀长效防护。阴极保护采用悬挂铝合金阳极"承台连防、水下安装、水上馈电焊接"的全新技术。经过8年多实际运行，对钢管桩定期检测和测试每个承台钢管桩保护效果，发现涂层完好，无破损，且涂层上附着的海生物较容易清除，涂层与钢管桩的附着力还保持在1级，阴极保护的电位在−1.10～−0.85V（SCE），阴极保护系统阳极材料消耗正常，且在钢桩各处电位分布均匀，都达到设计要求。结果表明"以高性能复合涂层为主，辅以可更换牺牲阳极的桥梁钢管桩综合防护技术方案"是合理的，性价比优越，与常规阴极保护方法相比，经济效益在3倍以上（图6-29和图6-30）。

图 6-29　SEBF 系列高性能环氧复合涂层现场一次涂覆成功（2003 年）　　图 6-30　已完成沉桩防腐钢管桩（2004 年）

第十节　材料性质研究进展

一、离子电输运行为研究

宁波材料所李润伟研究团队在 Nb/ZnO/Pt 和 ITO/ZnO/ITO 三明治薄膜结构

中，通过外加电场的方法控制铌离子和氧离子的输运从而构建了原子尺度的量子点接触结构并在室温下获得了量子电导行为。随后，采用质子酸掺杂的聚西佛碱（PA-TsOH）作为研究对象，通过电场调控质子酸离子在聚西佛碱主链的掺杂程度，精确调控了材料的电阻状态，最终获得具有高一致性阻变行为以及多态、自整流特性的阻变器件。最近，该团队制备了具有稳定阻变性能的Pt/Li$_x$CoO$_2$/Pt 三明治结构薄膜器件，证实了器件阻变行为与电场作用下锂离子的迁移密切相关，并且器件的电阻状态与薄膜中的锂浓度相对应。采用导电原子力显微镜在纳米尺度下（～10nm）研究了电场作用下 Li$_x$CoO$_2$ 薄膜局域导电性能的变化过程，发现在 Li$_x$CoO$_2$ 晶粒中靠近晶界处的锂离子比远离晶界处（晶粒内部）的锂离子更加容易在电场作用下发生迁移，并且给出了晶粒大小与临界迁移电压的半定量关系。第一性原理计算结果表明晶界位置处锂离子的迁移势垒高度仅为 0.7eV，远小于晶粒内部的锂离子的迁移势垒高度（6.8eV），与实验结果基本一致。此外，他们的研究结果表明在相同电压下小尺寸的 Li$_x$CoO$_2$ 晶粒中的锂离子更加容易脱嵌，并且具有更快的迁移速度。该研究发现为理解纳米尺度范围内电场作用下离子输运行为，研发高性能锂离子电池以及发展纳米离子型器件具有非常重要的意义。相关研究工作发表在 *Adv. Mater.*、*JACS*、*J. Mater. Chem.*、*Sci. Rep.* 上。

二、纳米材料的三维透射电镜表征研究取得重要进展

金属所沈阳材料科学国家（联合）实验室刘志权研究员与丹麦科技大学 Risø 可持续能源国家实验室、清华大学、美国约翰·霍普金斯大学的科学家们共同合作，开发出了一种利用透射电子显微镜对纳米材料进行直接三维定量表征的新方法。本次合作开发的新的三维透射电子显微技术其空间分辨率已达到 1nm，比三维 X-射线衍射技术提高了两个数量级。这种新的三维透射电镜表征技术是表征纳米材料的理想方法，它可对组成纳米材料的各个小晶体进行精确描述，包括其各个晶体的取向、大小、形状和在三维样品内的空间位置等。这一方法的一个重要优点是它是一种"无损"的分析技术，即在微观表征过程中不破坏样品，因此它可用来研究纳米材料微观结构在外加条件下（如加热或变形）的演变过程，从而为研究纳米材料的动态行为开辟了新的途径（图 6-31）。该研究成果发表在美国 *Science* 杂志（Liu et al.，2011）。

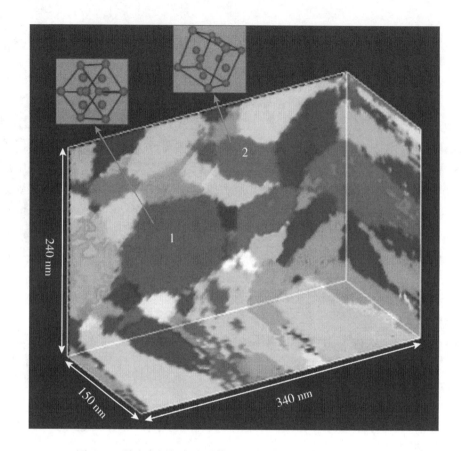

图 6-31　纳米金属铝各个晶体在三维空间的形状、大小和位置

注：图中不同颜色表示不同的晶体取向

三、新型材料——负热膨胀材料

绝大多数材料具有热胀冷缩性能，少数材料却能"热缩冷胀"，随温度升高体积缩小，温度降低体积增大，这类材料被称作"负热膨胀材料"。理化所在国际上率先开展 $NaZn_{13}$ 型 LaFeSi 基化合物的负热膨胀性能研究。通过对 LaFeSi 基化合物进行成分和结构设计，成功研制出负热膨胀系数和负热膨胀温区可通过改变组成元素进行调节的新型负热膨胀材料。例如，成分为 $LaFe_{10.5}Co_{1.0}Si_{1.5}$ 的化合物在 240～350K 温区内热膨胀系数达到 $26.1×10^{-6}K^{-1}$。此类材料负膨胀行为各向同性，且具有较好的导热性能，在应用超导、低温工程、航天航空、微电子、

光电子、精密机械等高精密技术领域具有广阔的应用前景，采用此类负热膨胀材料可有效改善大型超导磁体低温绝缘材料和超导材料之间的热膨胀系数匹配性，提高超导磁体运行稳定性，对于保障大科学装置持续稳定运行具有重要作用。

四、石墨烯

自 2007 年，中国科学院山西煤炭化学研究所在国内较早启动石墨烯研发，先后在 *Advanced Materials*、*Chemical Communications*、*Carbon*、*Journal of Materials Chemistry* 等期刊发表论文 30 余篇，申请专利 6 项。2009 年即成为国际首批科研级石墨烯供应商，目前炭美 TM 系列产品已供给全球 200 余家科研院所与企业单位。经过 5 年艰苦攻关，团队先后突破了强放热高腐蚀性的氧化插层反应、难分离氧化石墨中间体纯化、真空膨化制石墨烯的技术与装备瓶颈，于 2012 年年初建成年产 30 公斤石墨烯小试平台，具备公斤级产品稳定供货能力，产品比表面积大于 $600m^2/g$，纯度超过 99.9wt%。2013 年 8 月，年产 300 公斤石墨烯中试示范线建成，并于 10 月中旬打通全套工艺流程。结合煤化所特色，团队还研制出一种高导热石墨烯/碳纤维复合薄膜，该材料集结构与功能一体化，强度达 15MPa，是商业化柔性石墨纸的 3 倍，柔韧性极佳，6000 次弯折试验后无损伤，室温面向热导率超过 1000W/(m·K)，是纯铜箔的 2.5 倍以上，该材料可作为新型电子产品理想的面向散热体材料（图 6-32）。

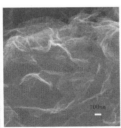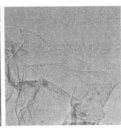

图 6-32　煤化所石墨烯产学研结硕果

石墨烯优异的性能表现预示着该新材料难以估量的应用前景，然而量产技术的缺乏成为其走向实用化进程中的最大瓶颈。面对这一挑战，宁波材料所刘兆平研究团队经过数年探索，研发出具有自主知识产权的石墨烯低成本规模化制备技术，并于2012年4月成功实现产业化技术转移，成立了宁波墨西科技有限公司。公司计划在2013年建成年产300吨的石墨烯生产线。量产的石墨烯产品保持了完整的平面共轭结构，导电和导热性能均极为出色，因此在锂离子电池领域具有无可比拟的应用优势。基于该石墨烯产品的新型锂离子电池导电剂能够大幅降低电池内阻，提高电池散热性能，因此可显著提升电池倍率性能和循环寿命，同时可有效降低导电剂用量，从而提高电池容量。研发团队还开发出世界首创的石墨烯涂层铝箔技术，通过在作为正极集流体的铝箔表面涂敷厚度小于1μm的石墨烯薄层，可大幅降低活性材料与集流体间的界面电阻，并提高两者间的黏结强度，从而有效提升电池倍率性能和循环稳定性。

第十一节　中国科学院材料科技计量分析

采用Web of Knowledge的数据，研究材料科学和技术领域高产出和最具影响力的国家、科研机构和大学、重要科学家、材料科学的重要研究领域和研究前沿。以汤森路透Web of Science数据库、Science Citation Index Expanded（SCI-Expanded）和Conference Proceedings Citation Index-Science（CPCI-S）为数据源，检索Web of Science分类为Materials Science、Nanoscience& Nanotechnology，以及Polymer Science的论文数，时间范围为2008～2013年，共检索到数据731 351条。

一、世界材料科技发文量年度变化趋势

图6-33显示了2008～2013年材料相关论文的发表数量变化。其中，2013年数据收录不全，不纳入统计。2008～2012年，论文数量年平均增长率为9.5%。

在论文的学科领域分布上，除材料科学外，相关论文大量集中在工程、物理、化学、聚合物科学和冶金矿冶工程领域（图6-34）。

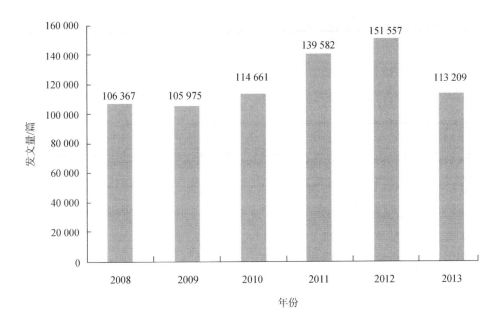

图 6-33　发文量年度变化

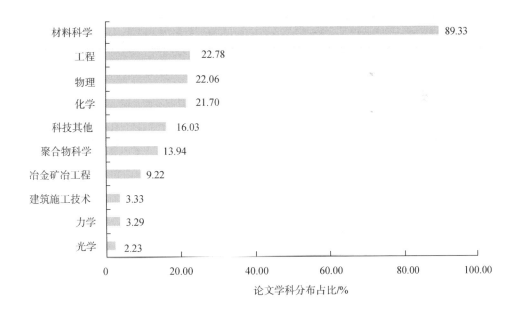

图 6-34　Top10 学科研究领域

由于数量庞大，选取 731 351 条数据中被引频次高于 25 的论文，得到 33 106

条数据,对其展开进行分析。以下图表如无特殊声明均以被引频次高于25的33 106篇论文分析得到。

二、世界材料论文国家/地区分布

2008~2013年,高被引论文总量最多的前10国家依次是美国、中国、德国、日本、英国、韩国、法国、印度、澳大利亚和加拿大(图6-35)。其中,美中两国的发文量比另外8个国家的总和还多。

在h指数(指所有论文中有h篇的被引频次高于h)方面,各国的排序与发文量大致相当,我国的h指数为161,次于美国的223,高于德国的130。这说明近年来我国不仅在论文数量上超过了大部分国家,并且论文影响力也逐渐提高。

图6-36显示了在被引频次高于25的论文中,2008~2012年各国所占的比例。其中,2013年因数据量过小不纳入统计。可以看出,这段时期内美国和中国的高被引论文占比都高于其他国家。中国高被引论文的数量占比从2008年的20.6%提高到2012年的33.4%。美国占比也略有提升。拥有类似趋势的还有韩国,高被引论文占比从2008年的4.9%提高到2012年的7.5%。日本、德国的比例则略有下降。

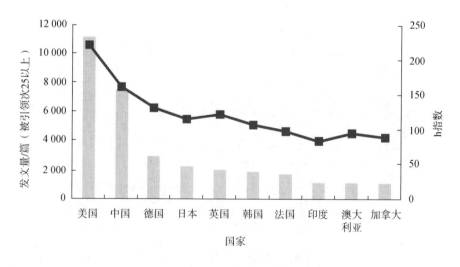

图6-35　主要国家发文数量与h指数

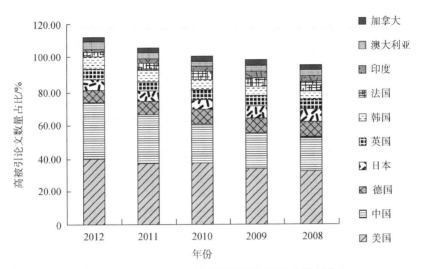

图 6-36　2008～2013 年主要国家高被引论文数量占比

三、中国科学院材料研究世界领先

图 6-37 显示了材料相关高被引论文的主要发表机构的情况。中国科学院的发文数量远远超过其他机构，达到 1905 篇，是排在第二位的马普学会（598 篇）的3 倍多。其他发文量较多的研究机构包括麻省理工学院、新加坡国立大学、清华大学、新加坡南洋理工大学、加利福尼亚大学伯克利分校、佐治亚理工学院、华盛顿大学和美国西北大学。在 h 指数上，除中国科学院 h 指数达到 116 外，其余机构的 h 指数均在 80 左右，说明中国科学院的研究质量并不落后于其他研究机构。

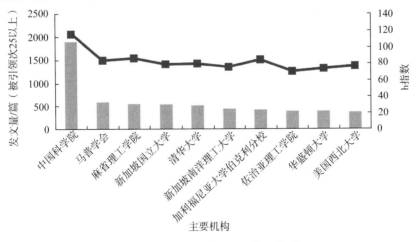

图 6-37　主要机构发文量与 h 指数

在高被引论文数量的各机构历年占比方面，2008～2012 年，中国科学院所占比例逐年增加，从 2008 年的 5.3%，提高到了 2012 年的 9.2%。其他主要研究机构近年来的论文占比也有所提高，如麻省理工学院从 1.3%提高到 3.5%，新加坡南洋理工大学从 0.9%提高到 5.4%，见图 6-38。

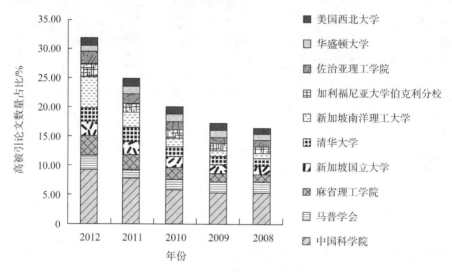

图 6-38　主要机构高被引论文占比分析

参考文献

曹艳，汪辉. 2008. OLED 技术及柔性 OLED 性能、缺陷的研究. 现代显示，（6）：36-39.

陈进才，陈明，谢长生. 2010. 热辅助磁记录技术. 记录媒体技术，（4）：21-24.

成洪甫，高召顺，王栋樑，等. 2010. 超高密度磁记录介质的研究进展. 材料导报，24（7）：35-39.

程伟明，胡浩，戴亦凡，等. 2012. $SmCo_5$ 垂直磁记录薄膜的研究进展. 信息记录材料，13（1）：53-59.

樊春海. 2008. 纳米生物传感器. 世界科学，（11）：21-22.

傅恒志，丁宏升，陈瑞润，等. 2008. 钛铝合金电磁冷坩埚定向凝固技术的研究. 稀有金属材料与工程，37（4）：565-570.

高铁仁. 2006. 垂直磁记录介质的制备及物性研究. 复旦大学博士学位论文.

何玉怀，苏彬. 2005. 中国航空发动机涡轮叶片用材料力学性能状况分析. 航空发动机，31（2）：51-58.

技术在线. 2001. 石墨烯的应用前景（三）："太阳能电池"——石墨烯成为大幅提高转换效率的王牌材料. http://china.nikkeibp.com.cn/news/econ/54898-20110120.html?limitstart=0 [2011-01-21].

匡达，胡文彬. 2013. 石墨烯复合材料的研究进展. 无机材料学报，28（3）：235-246.

李天华. 2009. 柔性显示实现的关键技术. 信息终端与显示，（8）：25-29.

李雯霞. 2009. 定向凝固技术现状与展望. 中国铸造装备与技术，（2）：9-13.

李彦波. 2010. 超高密度磁记录用介质和磁头材料的研究. 兰州大学博士学位论文.

李政远，孟宪伟，唐芳琼. 2010. 电子纸显示器及组装工艺研究进展. 过程工程学报，9（8）：826-832.

刘国柱，夏都灵，杨文君，等. 2008. 柔性显示的研究进展. 材料导报，（6）：111-115.

吕宝华，李玉珍. 2010. L10 - CoPt 磁记录薄膜研究进展. 运城学院学报，28（5）：52-54.

驱动之间. 2012. 希捷宣布达到存储密度新纪录：硬盘容量有望翻倍. http://news.mydrivers.com/1/221/221978.htm[2012-09-13].

日本科学技术振兴机构研究开发战略中心. 2009. 分子技术战略——分子水平新功能创造. http://crds.jst.go.jp/output/pdf/09sp06s.pdf [2009-08-10].

日本科学技术振兴机构研究开发战略中心. 2009b.间隙控制材料设计和利用技术. http://crds.jst. go.jp/output/pdf/09sp05s.pdf [2009-09-12].

日经中文网. 2012a. 日本力争稀土消费 2 年内减半. http://cn.nikkei.com/politicsaeconomy/econ omic- policy/3255-20120810.html [2012-08-10].

日经中文网. 2012b. 日本将推动稀有金属回收再利用. http://cn.nikkei.com/politicsaeconomy/eco nomic-policy/2982-20120716.html [2012-07-16].

日经中文网. 2012c. 本田开发出稀土回收再利用技术. http://cn.nikkei.com/industry/scienceatech nology/2147-20120420.html [2012-04-20].

日经中文网. 2013. 日本要开发 100 万万亿次超级计算机. http://cn.nikkei.com/politicsaeconomy/ economic-policy/5463-20130506.html [2013-05-06].

师昌绪, 仲增墉. 1997. 中国高温合金 40 年.金属学报, 33（1）: 1-8.

石海兵. 2008. 柔性双稳态胆甾相液晶显示单元的研究. 电子科技大学硕士学位论文.

宋英攀, 冯苗, 詹红兵. 2013. 石墨烯的边界效应在电化学生物传感器中的应用. 化学进展, 25（05）: 698-706.

宋友林, 杨仕娥, 贾瑜. 2013. 立方相 GaN/β-SiC（100）（2×1）混合界面的电子结构. 郑州大学学报, 35: 38-42.

孙媛媛, 华玉林, 印寿根, 等. 2005. 柔性有机薄膜电致发光显示材料及器件.功能材料,（2）: 161-164.

王静, 冯亚青, 李祥高, 等. 2005. 微胶囊电泳显示技术. 化学通报,（6）: 432-437.

微型计算机. 2012. 热辅助磁记录机械硬盘的救星. http://tg.3cgogo.com/index.php/article/index/ id/11460[2012-09-12]

魏福林, 白建民, 杨正. 2008. 垂直磁记录介质的新进展. 磁性材料及器件, 39（3）: 1-7.

文邦伟, 龚维强, 袁艺. 2007. 航母舰载机用高强、高韧、耐蚀不锈钢. 装备环境工程, 4（6）: 82-85.

吴晓薇,郭子政,安彩虹. 2008. 超高密度垂直磁记录材料研究进展. 信息记录材料,9(5):56-60.

辛永松, 张百新, 戴宪起. 2007. 6H-SiC（0001）衬底结构对 GaN 膜结构的影响第一原理研究. 河南师范大学学报, 35: 66-68.

邢茹, 赵建军, 浩斯巴雅尔, 等. 2007. 纳米生物传感器的研究进展. 阴山学刊, 21（2）: 49-51.

姚远. 2006. 用于柔性显示的双稳态显示技术. CHIP 新电脑,（12）: 64-69.

袁华堂,王一菁,闫超,等. 2012. 新型稀土高性能储氢合金研究进展. 化工进展,31(2):253-258.

张羊换, 李保卫, 任慧平, 等.2008.快淬对 La_(0.7)Mg_(0.3)Co_(0.45)Ni_(2.55−x)Cu_x(x=0−0.4) 电极合金微观结构及电化学性能的影响.稀有金属材料与工程, 37（6）: 941-946.

赵永庆. 2010. 国内外钛合金研究的发展现状及趋势.中国材料进展, 29（5）: 1-8.

中电网. 2009. 电子纸显示技术最新动态. http://www.eccn.com/design_2009010811230047.htm [2009-01-08].

中国半导体照明网. 2012. 美国半导体照明产业发展经验分析. http://www.china-led.net/info/2009 43/200943132051-3.shtml[2012-08-13].

中国电力企业联合会. 2012. 中电联发布全国电力工业统计快报（2011 年）.http://tj.cec.org.cn/tongji/niandushuju/2012-01-13/78769.html[2012-01-13].

中国科技部. 2012. 俄罗斯材料科学发展新战略. http://www.most.gov.cn/gnwkjdt/201205/t20120 510_94268.htm[2012-05-11].

周李承，蒋易，周宜开，等. 2002. 光纤纳米生物传感器的现状及发展.传感器技术，21（12）：56-59.

Adams J. 2013. Remaking American Security: Supply Chain Vulnerabilities & National Security Risks Across the U.S. Defense Industrial Base.http://americanmanufacturing.org/content/remaking-american-security[2013-05-08].

Agency for Science, Technology and Research. 2012. NXP Semiconductors and A*STAR Institute of Microelectronics to Develop Next Generation 8 "GaN-ON-Si Power Devices. http://www.a-star.edu.sg/?TabId=828 &articleType=ArticleView&articleId=1643[2012-08-25].

Allison J，MeiLi C，Wolverton, et al. 2006. Virtual aluminum castings: an industrial application of ICME. JOM，58（11）：28-35.

ARL. 2012. Army invests $120M in basic research to exploit new materials. http://www. arl.army. mil/www/default.cfm?page=1071[2012-08-25].

ASM International. 2012a. ASM International Engages Nexight Group to Launch Computational Materials Data Network. http://www.asminternational.org/portal/site/www/NewsItem/? vgnextoid= 37b1b5c5051da310VgnVCM100000621e010aRCRD [2012-11-05].

ASM International. 2012b. Computational Materials Data Network announces advisory group of recognized experts. http://www.asminternational.org/portal/site/www/NewsItem/?vgnextoid= 4f478a5e8f59b310VgnVCM100000621e010aRCRD [2012-12-13].

BASF. 2012a. BASF and Max Planck Institute for Polymer Research inaugurate joint research laboratory for grapheme. http://www.basf.com/group/pressrelease/P-12-416 [2012-09-24].

BASF. 2012b. BASF acquires Novolyte Technologies. http://www.basf.com/group/pressrelease/P 12-240 [2012-04-26].

Basken P. 2013. Obama Budget Seeks to Slowly Rebuild Spending on Scientific Research. http://chronicle. com/article/Obama-Budget-Seeks-to-Slowly/138469/ [2013-04-10].

Bergeson L L. 2012. CRS Publishes Nanotechnology Policy Primer. http://nanotech.lawbc. com/2012/05/articles/united-states/federal/crs-publishes-nanotechnology-policy-primer/[2012-05-07].

Bertolazzi S，Brivio J，Kis A. Stretching and Breaking of Ultrathin MoS_2. ACS NANO，5（12）：9703-9709.

BMBF. 2012. Hightech braucht Rohstoffe. http://www.bmbf.de/press/3360.php [2012-10-22].

Boulfelfel S E，Oganov A R，Leoni S. 2012. Understanding the nature of "superhard graphite". Scientific Reports，（2）：471.

Boyer R R. 1996. An overview on the use of titaniuM in the aerospace industry.Mater Sci. Eng. A，213（1-2）：103- 114.

Bridgelux. 2012. Bridgelux and Toshiba Achieve World Class Performance for 8″GaN-On-Silicon LEDs. http://bridgelux.com/media-center/press-releases/bridgelux-and-toshiba/[2012-08-25].

Brivio J，Alexander D T L，Kis A. 2011. Ripples and layers in ultrathin MoS_2 membranes. Nano Letters，（11）:5148-5153.

Buhl H.1993. Advanced Aerospace Materials. Berlin: SPring-Verlag：10.

Chen Xianfeng, Zhu Guangyu, Yang Yang, et al. A diamond nanoneedle array for potential high-throughput intracellular delivery. Advanced Healthcare Materials, 2013(8): 1103-1107.

Chouhan R，Vinayaka A，Thakur M. 2009. Aqueous synthesis of CdTe quantum dot as biological fluorescent probe for monitoring methyl parathion by fluoro-immunosensor. http://hdl.handle.net/10101/npre.2009.3451.1 [2009-07-24].

CnBeta. 2012. 硬盘BPM技术失宠纳米压印光刻设备厂商MII开始裁员. http://www.cnbeta.com/articles/137736.htm[2012-09-13].

Columbia University. 2013. Tony F. Heinz. http://heinz.phys.columbia.edu/ [2013-08-29].

Compositesworld. 2012. Toray announces major carbon fiber capacity increase. http://www.compositesworld.com/news/toray-announces-major-carbon-fiber-capacity-increase [2012-09-03] .

DFG. 2012. Decisions on the Second Programme Phase of the Excellence Initiative. http://www.dfg.de/en/service/press/press_releases/2012/press_release_no_26/index.html [2012-06-15].

DOE. 2011. Department of Energy Releases its 2011 Critical Materials Strategy http://energy.gov/articles/department-energy-releases-its-2011-critical-materials-strategy [2011-12-22] .

DOE. 2012a. Obama Administration Announces $14.2 Million in New Funding to Develop Lightweight Materials for Advanced Vehicles. http://energy.gov/articles/obama-administrationannounces-142-million-new-funding-develop-lightweight-materials [2012-03-22].

DOE. 2012b. Energy Department Investments to Develop Lighter，Stronger Materials for Greater Vehicle Fuel Economy. http://www.doe.gov/articles/energy-department-investments-develop-lighter-stronger-materials-greater-vehicle-fuel [2012-08-13].

DOE. 2012c. Energy Department Announces Investments to Accelerate U.S. Manufacturing of Energy Efficient Lighting Technologies. http://energy.gov/articles/energy-department-announ ces investments-accelerate-us-manufacturing-energy-efficient [2012-06-07].

DOE. 2012d. A Material Change: Bringing Lithium Production Back to America. http://energy.gov/ articles/material-change-bringing-lithium-production-back-america [2012-06-29].

DOE. 2012e. Energy Frontier Research Centers （EFRCs）. http://science.energy.gov/bes/ efrc/ [2012-05-17].

DOE. 2013. Energy Department Launches New Clean Energy Manufacturing Initiative. http:// energy.gov/ rticles/energy-department-launches-new-clean-energy-manufacturing-initiative [2013-03-26].

Dong X P，Lu F X，Yang L Y，et al. 2008. Influence of spark plasma sintering temperature on elec-trochemical Performance of $La_{0.80}Mg_{0.20}Ni_{3.75}$ alloy. Materials Chemistry and Physics，112: 596-602.

Dutkiecz J，Kato H，Miura S，et al. 1996. Structure changes during pseudoelastic deformation of CuAlMn single crystals. Acta Mater，44（11）: 4597-4609.

EPFL. 2011. A material to revolutionize electronics. http://actu.epfl.ch/news/a-material-to-revolution ize-electronics/ [2011-01-30].

EPSRC. 2012. New investment aims to establish the UK as a global graphene research hub. http://www.epsrc.ac.uk/newsevents/news/2012/Pages/graphenehub.aspx [2012-02-02].

EPSRC. 2013. Willetts Announces £ 85 Million Research Capital Fund. http://www.epsrc.ac.uk/ news events/news/2013/Pages/85millionresearchcapitalfund.aspx [2013-04-04].

EU. 2012a. Work Programme 2013，Cooperation，Theme 4，Nanosciences，Nanotechnologies， Materials and New Production Technologies - Nmp. http://ec.europa.eu/research/participants/ portal/download?docId=32819 [2012-07-09].

EU. 2012b. HELIOS Makes Silicon Breakthrough. http://cordis.europa.eu/fetch?CALLER= FP7_ NEWS&ACTION=D&DOC=4&CAT=NEWS&QUERY=013667b76c54:a6b1:23123b97&RC N=34459 [2012-03-29].

EU. 2012c. EU-Japan Cluster Match-Making Event. http://www.clustercollaboration.eu/docum ents/ 270937/0/EUClusterMission_12-15NOV2012_EUdelegation+_short+version.pdf [2012-11-12].

EU. 2013. Graphene and Human Brain Project Win Largest Research Excellence Award in History. http://europa.eu/rapid/press-release_IP- 13-54_en. htm [2013-01-28].

Fang T H，Li W，Tao N R，et al. 2011. Revealing extraordinary intrinsic tensile plasticity in gradient nano-grained copper. Science，331 :1587-1590.

Flylib.com. 2013. Capacity Measurements. http://flylib.com/books/en/4.57.1.92/1/[2013-03-05].

Fraunhofer IWM. 2009. Design tool for materials with a memory. http://www.fraunhofer.de/en/press/research-news/2009/july/design-tools-materials.jsp [2009-06-01].

Frenzel J, Pfetzing J, Neuking K, et al. 2008. On the influence of thermo mechanical treatments on the microstructure and phase transformation behavior of Ni-Ti-Fe Shape memory alloys .Mater Sci. Eng. A, 481/482: 635-638.

Gent E. 2013. Record £ 440m budget for Technology Strategy Board. http://eandt.theiet.org/n ews/2013/may/tsb-budget.cfm [2013-05-14].

Global Foundries. 2013. Global Foundries to Build R&D Facility in New York to Accelerate Advanced Manufacturing Technologies for Global Customers. http://www.globalfoundries.com/newsroom/ 2013/20130108.aspx[2013-01-08].

GOV.UK. 2012. Farnborough Air Show: UK aerospace flying high. http://www.bis.gov.uk/news/topstories/2012/Jul/farnborough-air [2012-07-10].

GOV.UK. 2013. Lifting off: Implementing the Strategic Vision for UK Aerospace. https://www.gov.uk/government/publications/lifting-off-implementing-the-strategic-vision-for-uk-aerospace [2013-03-18].

Hodgson P D, Timokhina L B, Beladi H, et al. 2008. Nanostructural Engineering of Steel. Simpro'08, Ranchi, INDIA: 224.

Hodgson P D, Timokhina L B, Beladi H, et al. 2011. Nanostructural engineering of TMCP steels. Advanced Steels, (4): 309.

Huang A S, Wang N Y, Kong C L, et al. Organosilica-functionalized zeolitic imidazolate framework ZIF-90 membrane with high gas-separation performance. Angewandte Chemie International Edition, 2012, 51(42): 10551-10555.

Huang T Z, Yuan X X, Yu J M, et al. 2012. Effects of annealing treatment and partial substitution of Cu for Co on phase composition and hydrogen storage performance of $La_{0.7}Mg_{0.3}Ni_{3.2}Co_{0.35}$ alloy. International Journal of Hydrogen Energy, 37 (1): 1074-1079.

Huergo J. 2014. Budget Request for NIST Supports Research in Advanced Manufacturing, Cybersecurity. http://www.nist.gov/public_affairs/releases/budget2014.cfm [2013-04-10].

HZDR, KIT. 2012. Liquid Metals Are in the Focus of a New Research Alliance. http://www. hzdr.de/db/Cms?pOid=36936&pNid=473[2012-06-26].

Imoto T, Kato K, Higashiyama N, et al. 1999. Microstructure and electrochemical characteristics of surface-treated Mm (Ni-Co-Al-Mn) $_{4.76}$ alloys for nickel-metal hydride batteries. Journal of Alloys and Compounds, 285 (1): 272-278.

Infineon. 2013. Largest Research Project to Strengthen Europe's Role as Semiconductor Production Site Kicked-Off Today at Infineon in Villach. https://www.infineon.com/cms/de/ corporate/press/ news/releases/2013/INFXX201304-038.html [2013-04-26].

Ishikawa F N, Curreli M, Chang H K, et al. 2009. A calibration method for nanowire biosensors to suppress device-to-device variation. ACS Nano, 3（12）: 3969-3976.

Itoh M, Kotani M, Naito H, et al. 2009. New metallic carbon crystal. Phys. Rev. Lett, 102: 055703.

Jiao Y Q, Wena Y H, Li N, et al. 2010. Effect of solution treatmention damping capacity and shape memory effect of a CuAlMn alloy . Journal of Alloys and Compounds, 491（1/2）: 627-630.

Johns Hopkins University. 2012. Air Force Launches New Center at Johns Hopkins to Advance Structural Materials and Design for Aerospace Applications. http://releases.jhu.edu/2012/09/13/ air-force-laun ches-center-at-johns-hopkins-to-advance-structural-materials/[2012-09-13].

Johnson R R, Rego B J, Johnson A T, et al. 2009. Computational study of a nanobiosensor: a single-walled carbon nanotube functionalized with the coxsackie-adenovirus receptor. J. Phys. Chem. B., 113（34）: 11589-11593.

Kensaku M, Takuji D. 2002. Growth and characterization of free standing GaN substrates. J. Crystal Growth, 212:237-239.

Kim D, Sun Dezheng, Lu Wenhao, et al. 2011. Toward the growth of an aligned single-layer MoS_2 film. Langmuir, 27 （18）: 11650-11653.

Kim K S, Jee K K, Kim W C, et al. 2008. Effect of heat treatment temperature on oxidation behavior in Ni-Ti alloy. Mater Sci. Eng. A, 481-482 :658-661.

KIT. 2012. Liquid Metals Are in the Focus of a New Research Alliance. http://www.kit.edu/visit/pi_ 2012_11253.php[2012-06-25].

LEDINSIGHT. 2011. LED Market and Industry Outlook 2012. http://www.ledinside.com/show report/ 2011/9/gold_member_2011[2011-09-13].

LED 技术网. 2009. 大功率 LED 光源的核心技术与优势. http://www.ledcy.com/doc/LEDzh aoming/ 27/[2009-12-24].

Lee C, Yan H, Brus L E, et al. 2010. Anomalous lattice vibrations of single- and few-layer MoS_2. ACS Nano, 4（5）: 2695-2700.

Li F, Young K, Ouchi T, et al. 2009. Annealing effects on structural and electrochemical properties of（ LaPrNdZr $)_{0.83}$Mg$_{0.17}$（ NiCoAlMn $)_{3.3}$ alloy. Journal of Alloys and Compounds, 471: 371-377.

Li H, Lu G, Yin Z Y, et al. 2012b. Optical identification of single- and few-layer MoS_2 sheets. Small, 8（5）: 682-686.

Li H, Yin Z Y, He Q Y, et al. 2012a. Fabrication of single- and multilayer MoS$_2$ film-based field effect transistors for sensing no at room temperature. Small, 8 (1): 63-67.

Li X Y, Wei Y J, Lu L, et al. 2010. Dislocation nucleation governed softening and maximum strength in nano-twinned metals. Nature, 464: 877-880.

Li Y G, Loretto M H. 2001. Effect of Heat Treatment and Exposure on Microstructure and Mechanical Properties of T i-25V-15Cr-2Al-0.2C. Acta Materialia, 49 (5): 3011-3017.

Liao L S, Klubek K P, Tang C W. 2004. High-efficiency tandem organic light -emitting diodes. Appl. Phys. Lett., 84:167-169.

Liao L S, Slusarek W K, Hatwar T K, et al. 2008. tandem organic light -emitting diode using hexaazatriphenylene hexacarbonitrile in the intermediate connector. Adv. Mater, 20:324-329.

Lisa McTigue Pierce. 2013. Report identifies risks to U.S. defense supply chain. http://www. packagingdigest.com/article/523319-Report_identifies_risks_to_U_S_defense_supply_chain.ph p[2013-05-12].

Liu H H, Schmidt S, Poulsen H F, et al. 2011. Three-dimensional Orientation mapping in the transmission electron microscope. Science, 332 (6031): 833-834.

Lopez-Sanchez O, Lembke D, Kayci M, et al. 2013. Ultrasensitive photodetectors based on monolayer MoS$_2$. Nature Nanotechnology, 8: 497-501.

Lu X L, Chen F, Li W S, et al. 2009. Effect of Ce addition on the microstructure and damping properties of Cu-Al-Mn Shape memory alloys. Journal of Alloys and Compounds, 480 (2): 608-611.

Mak K F, He K, Lee C, et al. 2013. Tightly bound trions in monolayer MoS$_2$. Nature Mater, (12): 207-211.

Mak K F, Lee C, Hone J, et al. 2010. Atomically thin MoS$_2$: a new direct-gap semiconductor. Phys. Rev. Lett., 105 (13):136805-136809.

Malko D, Neiss C, Viñes, et al.2012. Competition for graphene: graphynes with direction-dependent dirac cones. Phys. Rev. Lett., 108: 086804.

Matsumoto T, Nakada T, Endo J, et al. 2003. Multiphoton organic EL device having charge generation layer. SID Symposium Digest of Technical Paper, 34 (1): 979-981.

Meng X L, Fu Y D, Cai W, et al. 2009. Cu content and annealing temperature dependence of martensitic transformation of Ti$_{36}$Ni$_{49-x}$Hf$_{15}$Cu$_x$ melt spun ribbons.Intermetallics, 17 (12): 1078.

Miao H, Liu Y F, Lin Y, et al. 2008. A study on the microstructures and electrochemical properties of La$_{0.7}$Mg$_{0.3}$Ni$_{2.45-x}$Cr$_x$Co$_{0.75}$Mn$_{0.1}$Al$_{0.2}$ (x=0-0.20) hydrogen storage electrode alloys. International Journal of Hydrogen Energy, 33: 134-140.

Michael W, Pophale D R, Cheeseman P A, et al. 2009. Computational discovery of new zeolite-like materials. J. Phys. Chem. C., 113 （51）: 21353-21360.

Misra R D K, Nayak S, Mali S A, et al.2009. Microstructure and deformation behavior of phase-reversion-induced nanograined /ultrafine-grained austenitic stainless steel. The Minerals, Metals & Materials Society and ASM International, （40A）: 2498.

Miyazaki S, Otsuka K. 1986. Deformation and transitin behavior associated with the R-Phase in Ti-Ni alloys. Metal TransA, 17（1）: 53-63.

Molycorp. 2012. Molycorp to Acquire Leading Rare Earth Processor Neo Material Technologies in $1.3 Billion Deal. http://us1.campaign-archive2.com/?u=a9e8676e87fad805702b98564&id=82f d287818&e=UNIQID [2012-03-08].

Morisada Y, Fujii H, Mizuno T, et al. 2009. Nanostructured tool steel fabricated by combination of laser melting and friction stir processing. Materials Science and Engineering A, （505）:157.

MPIE. 2012. Max-Planck-Institut f ü r Eisenforschung GmbH. http://www.mpie.de/598/? type=1 [2012-04-13].

Mu Y B, Wan X B, Han Z X, et al. 2012. Rigid polyurethane foams based on activated soybean meal. J. Appl. Ploym. Sci., 124（5）: 4331-4338.

Nam T H, Chung D W, Lee H W, et al.2003. Effect of the surface oxide layer on transformation behavior and shape memory characteristics of Ti-Ni and Ti-Ni-Mo alloys .J. Mater. Sci. A, 38 （6）: 1333-1338.

NanoMarkets. 2012. NanoMarkets Announces Release of Latest Report on OLED Materials Market. http://nanomarkets.net/news/article/nanomarkets_announces_release_of_latest_report_on_oled_ materials_market[2012-07-13].

NanoSteel Company. 2011. NanoSteel' s Super Hard SteelR Alloys for Thermal Spray and Weld Overlay. http://www.nanosteelco.com/product/products_list.html#HVOF[2011-04-20].

Nanowerk. 2012. Assessment tools for nanomaterials. http://www.nanowerk.com/news/newsid= 24869.php [2012-04-10].

NASA. 2012. New Ideas Sharpen Focus for Greener Aircraft. http://www.nasa.gov/topics/aerona utics/features/greener_aircraft.html [2012-01-27].

National Science and Technology Council. 2011. Materials Genome Initiative for Global Compet-itiveness. Washington D C : National Science and Technology Council: 1-18.

Nealon S. 2013. $5 million to Improve Electronic Devices. http://ucrtoday.ucr.edu/11578 [2013- 02-04].

NEDO. 2012. Trilateral EU-Japan-U.S. Conference on Critical Materials. http://www.nedo.go.jp/en glish/event_20120326_index.html [2012-03-26].

Nicole Casal Moore. 2012. $12.3M center aims to ramp up design of advanced materials. http://www. ns.umich.edu/new/releases/20818-12-3m-center-aims-to-ramp-up-design-of-advanced-materials [2012-10-03].

NIMS. 2012. 理论计算科学研发概要. http://www.nims.go.jp/cmsc/outline_e.html [2012-06-29].

NIST. 2012a. NIST Announces $2.6 Million in Funding for Novel Semiconductor Research. http://www.nist.gov/pml/div683/semiconductors-032012.cfm [2012-03-20].

NIST. 2012b. Heat Assisted Magnetic Recording. http://jazz.nist.gov/atpcf/prjbriefs/prjbrief.cfm? Project- Number=00-00-4601[2012-09-17].

NNI. 2012. NNI Member Agencies Develop New Nanotechnology Signature Initiative. http://nano. gov/ node/819 [2012-05-14].

Novoselov D, Schtdin J F, Booth T J, et al. 2005. Two-dimensional atomic crystals. Proc. Natl Acad. Sci.USA，102（30）：10451-10453.

Novoselov K S，Fal′ ko V I，Colombo L，et al. 2012. A roadmap for grapheme. Nature，（490）： 192-200.

NSF. 2012a. Advancing Materials Research. http://www.nsf.gov/news/news_summ.jsp?cntn_ id= 125712&org=NSF&from=news [2012-10-11].

NSF. 2012b.Cyber Infa structure Framework for 21st Century Science and Engineering （CIF21）. http://www.nsf.gov/about/budget/fy2012/pdf/40_fy2012.pdf [2012-06-07].

NSF. 2012c. Network for Computational Nanotechnology. http://www.nsf.gov/pubs/2012/ nsf12504/ nsf12504.htm [2012-05-04].

NSF. 2013. National Science Foundation Fiscal Year 2014 Budget Request Sustains Momentum for Fundamental Research in Science, Technology and Innovation. http://www.nsf.gov/news/ news_ summ.jsp?cntn_id=127562&org=NSF&from=news [2013-04-10].

NTU. 2013. Zhang Research Group. http://www.ntu.edu.sg/home/hzhang/ [2013-08-29].

ORNL. 2010. Computational Materials Science and Chemistry for Innovation. http://www.ornl.gov/ sci/cmsinn/index.shtml [2010-07-26].

PCMAG. 2012. Seagate HAMR Promises 60TB Drives，Someday. http://www.pcmag.com/article2/ 0，2817，2401793，00.asp[2012-09-12].

Phy.org. 2013. Fantastic flash memory combines graphene and molybdenite. http://phys.org/news/ 2013-03-fantastic-memory-combines-graphene-molybdenite.html [2013-03-19].

QinetiQ. 2012. UK set to continue world class materials research. http://www.qinetiq.com/news/ PressReleases/Pages/uk-set-to-continue-world-class-materials-research.aspx [2012-05-07].

QuesTek Innovations LLC. 2011. Iron-based Ferrium Alloys. http://www.questek. com/iron-based-alloys.html [2011-04-20].

Raabe D, Ponge D, Dmitrieva O, et al. 2009. Designing ultrahigh strength steels with good ductility by combining transformation induced plasticity and martensite aging. Advanced Engineering Materials, （11）: 547.

Radisavljevic B, Radenovic A, Brivio J, et al. 2011a. Single-layer MoS_2 transistors. Nature Nanotechnology, 6:147-150.

Radisavljevic B, Whitwick M B, Kis A. 2011b. Integrated circuits and logic operations based on single-layer MoS_2. ACS NANO, 5（12）:9934-9938.

Read D J, Auhl D, Das C, et al. 2011. Linking models of polymerization and dynamics to predict branched polymer structure and flow. Science, 333: 1871-1874.

Reineke S, Lindner F, Schwartz G, et al. 2009. White organic light-emitting diodes with fluorescent tube efficiency. Nature, 459: 234-238.

Report F Service. 2012. NRC Report Calls for New Nano Safety Research Strategy. http://news. sciencemag. org/scienceinsider/2012/01/nrc-report-calls-for-new-nano-safety.html?ref=hp [2012-01-25].

REUTERS. 2012. After setbacks, Russia boosts space spending. http://www.reuters.com/article/2012/12/27/russia-space-idUSL5E8NR6TB20121227 [2012-12-27].

RIA. 2012. Russia to Launch Defense Research Agency by Yearend. http://en.ria.ru/mlitary_news/20120925/176223583.html [2012-09-25].

RIKEN. 研究所介绍. http://www.riken.jp/r-world/research/lab/index.html [2012-05-08].

Rios O, Noebe R D, Biles T, et al. 2005. Characterization of ternary NiTiPt high-temperature shape memory alloys//William D. Active Materials:Behavior and Mechanics Proc. SPIE, 5761:376.

Rodrigues C A D, Lorenzo P L D, Sokolowski A, et al. 2007. Titanium and molybdenum content in supermartensitic stainless steel. Materials Science and EngineeringA, （460/461）:149.

Royall P. 2011. C_{60}: the forst one-component gel. http://arxiv.org/pdf/1102.2959.pdf [2011-02-15].

RUSNANO. 2012. RUSNANO and East-Siberian Metals Invest in High-Tech Materials of Beryllium. http://www.rusnano.com/Post.aspx/Show/33872 [2012-02-22].

Sacchi M, Galbraith M C E, Jenkins S J, et al. 2012. The interaction of iron pyrite with oxygen, nitrogen and nitrogen oxides : a first-principles study. Phys. Chem. Chem. Phys., 14: 3627-3633.

SCALENANO. 2012. IREC to coordinate the project "SCALENANO" from the FP7-ENERGY programme of the European Commission. http://www.scalenano.eu/ [2012-05-19] .

SciDAC. 2012. Scientific Discovery through Advanced Computing. http://www.scidac. gov/aboutSD. html [2012-08-03].

Science and Engineering A，153（1-2）：422-466.

Singer P. 2012. Europe to unite research efforts in Silicon Europe cluster alliance. http://www. electroiq.com/articles/sst/2012/10/europe-to-unite-research-efforts-in-silicon-europe-cluster-alli ance.html [2012-10-08].

Singh J，Alpas A T. 1995. Dry sliding wear mechanisms in a Ti50-Ni47Fe3 intermetallic alloy.Wear，181-183(1):302.

Song I，Park C，Hong M，et al. 2014. Patternable Large-Scale Molybdenium Disulfide Atomic Layers Grown by Gold-Assisted Chemical Vapor Deposition. Angew. Chem. Int. Ed.，53（5）：1266-1269.

SRC. 2013. Semiconductor Research Corporation. 2013. DARPA Unveil \$194 Million University Research Center Network Focused on Next-Generation Microelectronics. http://www.src.org/ newsroom/2013/press-release/starnet-launch/ [2013-01-17].

Stadele M，Majewski J A，Vogl P. 1997. Stability and band offsets of polar GaN/SiC（001）and AlN/SiC（001）Interfaces. Phys. Rev.，56: 6911-6920.

Sushil K，Madangopal K，Ramamurty U. 2010. Enhancement oF fatigue life of Ni-Ti-Fe shape memory alloys by thermal cycling. Mater. Sci. Eng. A，528（1）：363-370.

Tang C W，VanSlyke S A. 1987. Organic electroluminescent diodes. Appl. Phys. Lett，51: 913-915.

Tang X H，Jonas A M，Nysten B，et al. 2009. Direct protein detection with a nano-interdigitated array gate mosfet. Biosensor &Bioelectronics，24（12）:3531-3537.

Tarui T，Takahashi J，Tashiro H，et al. 2005. Microstructure control and strengthening of high-carbon steel wires. Nippon Steel Technical Report，（91）：56.

Technology Strategy Board. 2013. The city of the future. http://www.innovateuk.org/content/comp etition/technology-inspired-innovation2.ashx [2013-04-05].

Teles K，Scolfaro L M R，Enderlein R，et al. 1996. Structural Properties of Cubic GaN Epitaxial Layer Grown on β-SiC. Appl Phys，80: 6322-6328.

The White House. 2012. Fact Sheet: United States-Japan Cooperative Initiatives. http://www. whitehouse. gov/the-press-office/2012/04/30/fact-sheet-united-states-japan-cooperative-initiatives [2012-04-30].

Tong Y X，Chen F，Tian B，et al. 2009. Microstructure and martensitic transformation of $Ti_{49}Ni_{51-x}Hf_x$ high temperature shape memory alloys. Mater. Let.，63(21):1869.

UCR. 2011. Ludwig Bartels. http://research.chem.ucr.edu/groups/bartels/index.php?main=public ations [2011-12-29].

UK. 2012. Super-material' graphene gets government backing. http://www.guardian.co.uk/science/ 2012/dec/27/super-material-graphene-george-osborne [2012-12-27].

University of Manchester. 2013. First look at world-leading graphene Institute. http://www.manchester. ac.uk/aboutus/news/display/?id=9349 [2013-01-14].

Uuiversity of Michgan. 2012. $12.3M center aims to ramp up design of advanced materials http://www.ns.umich.edu/new/releases/20818-12-3m-center-aims-to-ramp-up-design-of-advanced-materials [2012-10-03].

University of Southampton. 2010. Southampton academics investigate effects of lightning strikes on aircraft. http://www.ecs.soton.ac.uk/about/news/3329 [2010-07-26].

University of Wisconsin-Madison. 2012. With new high-tech materials, UW-Madison researchers aim to catalyze U.S. manufacturing future. http://www.news.wisc.edu/21242 [2012-11-06].

van der Zande M, Huang P Y, Chenet D A, et al. 2013. Grains and grain boundaries in highly crystalline monolayer molybdenum disulfide. Nature Mater, 12:554-561.

Wadia C. 2012a. DOE Announces $12 Million in Support of the Materials Genome Initiative. http://www.whitehouse.gov/blog/2012/02/10/doe-announces-12-million-support-materials-genome-initiative [2012-02-10].

Wadia C. 2012b. New Commitments Support Administration's Materials Genome Initiative. http://www.whitehouse.gov/blog/2012/05/14/new-commitments-support-administration-s-materials-genome-initiative [2012-05-14].

Wang B, Jia T C, Zou D X, et al. 1992. A study on long-term stability of Ti3AlNbVMo alloy. Materials

Wang J G, Liu F S, Cao J M. 2010. The Microstructure and thermomechanical behavior of $Ti_{50}Ni_{47}Fe_{2.5}Nd_{0.5}$ shape memory alloys. Mater. Sci. Eng. A, 527（23）: 6200-6204.

Williams M, Lototsky M V, Linkov V M, et al. 2009. Nanostructured surface coatings for the improvement of AB_5-type hydrogen storage intermetallics. International Journal of Energy Research, 33: 1171-1179.

Wilson Center. 2012. Emerging Global Trends in Advanced Manufacturing. http://www.wilsoncenter.org/sites/default/files/Emerging_Global_Trends_in_Advanced_Manufacturing.pdf [2012-03-20].

Xiao L L, Wang Y J, Liu Y, et al. 2008. Influence of surface treatments on microstructure and electrochemical properties of $La_{0.7} Mg_{0.3}Ni_{2.4}Co_{0.6}$ hydrogen-storage alloy. International Journal of Hydrogen Energy, 33: 3925-3929.

Xu H B, Jiang C B , Gong S K, et al. 2000. Martensitic transformation of the $Ti_{50}Ni_{48}Fe_2$ alloy deformed at different temperatures. Mater. Sci. Eng. A, 281（1/2）: 234-238.

Xu X P, Vaudo R P, Loria C. 2002. Fabrication of GaN wafer for electronic and optical electronic devices. J. Crystal Growth, 246:223-231.

Yasuda N, Sasaki S, Okinaka N, et al. 2010. Self-ignition combustion synthesis of $LaNi_5$ utilizing hydrogenation heat of metallic calcium. International Journal of Hydrogen Energy, 35: 11035-11041.

Yin Z Y, Li H, Li H, et al. 2012. Single-Layer MoS2 Phototransistors. ACS Nano, 6（1）: 74-80.

Yorder M N. 1996. Wide bandgap semiconductor materials and devices. IEEE T Electron Dev., 43:1633-1636.

Yshinao K, Hisashi M, Hisashi S. 2002. Thick and high-quality GaN growth on GaAs(Ⅲ)substrates for preparation of free- standing GaN. J. Crystal Growth, 246: 215-222.

Zeng Z Y, Yin Z Y, Huang X, et al.2011. Single-layer semiconducting nanosheets: high-yield preparation and device fabrication. Angewandte Chemie International Edition, 50(47): 11093-11097.

Zhang Y H, Li B W, Ren H P, et al. 2008. Effects of rapid quenching on the microstructure and electrochemical characteristics of $La_{0.7}Mg_{0.3}Co_{0.45}Ni_{2.55-x}Cu_x$（$x$=0 ~ 0.4）electrode alloys. Rare Metal Materials and Engineering, 37: 941-946.

Zheng X T, Li C M. 2009. Single living cell detection of telomerase over-expression for cancer detection by an optical fiber nanobiosensor. Biosens Bioelectron, PMID: 19963365.

Zhu M, Peng C H, Ouyang L Z, et al. 2006. The effect of nanocrystalline formation on the hydrogen storage Properties of AB_3-base Ml-Mg-Ni multi-phase alloys. Journal of Alloys and Compounds, 426: 316-321.